현대 식품가공실험

안용근 · 김동우 · 노영희 · 손천배 · 오만진
오현근 · 이연정 · 정인창 · 조효현　공 저

효 일 문 화 사

머리말

    본서는 저자가 효일문화사에서 발행한 「현대 식품가공·저장학」 교재와 짝을 이루고 있으므로 함께 이용해야 교재에서 습득한 이론을 실험서를 통하여 더 깊이 이해하게 될 것이다.

    현재 출간된 식품가공 실험서는 대규모 시설이나 첨단시설, 자동화시설을 이용하지 않으면 안 되는 내용이 많다. 그러나, 학교에는 대부분 그런 시설이 없기 때문에 실험서 대로 실험할 수 없다. 그래서 본서에서는 솥, 믹서, 절구 등 간단한 설비만으로 실험을 하여 식품가공의 원리를 이해할 수 있도록 하였다.

    그리고, 간단명료하고 알기 쉽게 내용을 압축·요약하였고, 실험 한 가지에 한 페이지에서 두 페이지로 설명하였다. 그래서 알기 어려운 용어나 지리한 나열식 표현을 지양하고, 실험 방법을 그림으로 제시하여 이해하기 쉽게 하였다.

    학생실험에 주어진 시간은 두 시간 내지 네 시간이지만 현재 출간된 실험서는 정해진 시간 내에 끝내기 어려운 내용이 많다. 본서는 예외적인 것 외에는 시간 안에 끝낼 수 있다.

1999. 8.

저자 씀

차 례

제1장

전 분

재료 및 기구

재료 및 기구

전분질 원료 100g(감자, 고구마, 밀가루, 쌀가루 등), 물, 믹서, 자루, 1% 소금물

① **원료** : 고구마 및 감자는 믹서로 간다. 쌀가루는 물에 푼다. 밀가루는 1% 소금물을 가해 개어서 물 속에서 주물러 전분만 빠지고 글루텐은 남게 한다.

② **짜기** : 헝겊 자루로 걸러서 물로 희석하여 놓으면 녹말이 가라앉는다.

③ **가라앉히기** : 전분이 가라앉으면 윗물을 버리고 침전물에 물을 부어 희석하여 다시 가라앉힌다. 이 과정을 서너 번 반복한다. 그러나 완전히 가라앉을 때까지 기다리면 안 되고, 약간 가라앉지 않은 것이 남을 때 윗물을 버린다. 감자와 고구마는 윗물의 색이 없어질 때까지 가라앉힌다.

④ **말리기** : 마지막으로 물을 따라 버리고 가라앉은 전분을 깨끗하고 넓은 데에 펴서 말린다.

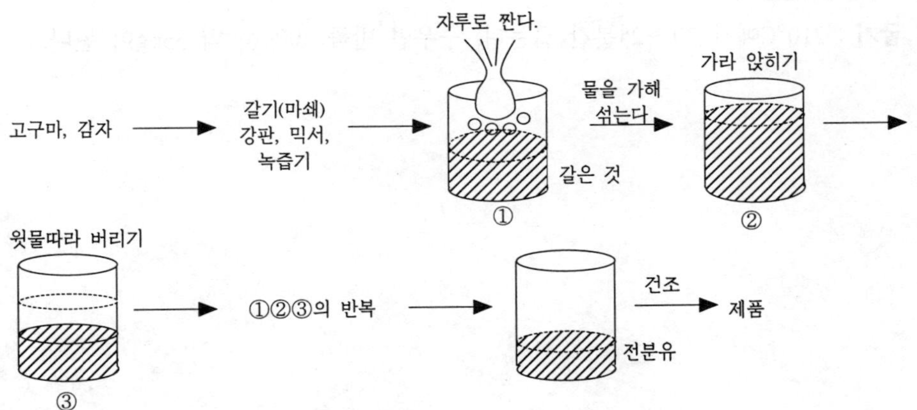

■ 그림 1.1 전분 ■

제 2 장

밀가루

1. 제 빵

재료 및 기구

강력분밀가루 100g, 이스트 2g, 물 66㎖, 소금 2g, 설탕 2g, 기타 4g, 쇼트닝, 이스트 푸드, 종이 널판지, 믹서, 체, 발효기, 오븐

① **이스트 가하기** : 이스트를 소량의 물에 녹여서 30°C에서 30분 정도 예비 발효시킨 다음, 나머지를 넣어 녹이고, 밀가루에 이스트 푸드를 가한다.

② **반죽** : 점성이 높아질 때까지 반죽한다.

③ **발효** : 제1발효는 28∼29°C에서 2시간, 제2발효는 26°C에서 30분하고, 발효가 끝날 때마다 반죽하여 배기한다.

④ **성형과 보온** : 반죽을 400g씩 잘라서 빵 형을 만들고 34°C, 습도 80%의 항온기에서 1시간 보온한다.

⑤ **굽기** : 210°C에서 20∼25분간 굽는다. 구우면 반죽 400g은 약 336g이 된다.

밀가루
B
A
A 우유＋소금,
  쇼트닝, 설탕, 달걀
B 온수에 녹여 놓은 이스트
밀가루 섞기
반죽하기
1차발효(28℃, 2시간)
가스빼기
분할성형
2차발효
(26℃, 30분)
200℃, 20분
굽기
식빵
양손바닥으로
평평하게 한다.
둘로 접고
접은 눈을
밀착시킨다.
양손바닥으로
굴려서 방추형
으로 한다.
코페빵
크림잼 30g을 대나무
주걱으로 넣는다.
접은 다음
두껍게 만다.
굽기
크림빵
함석제 원통에
기름을 칠해 둔다.
감은 다음 뺀다.
초콜릿을 넣는다.
굽기
초콜릿빵

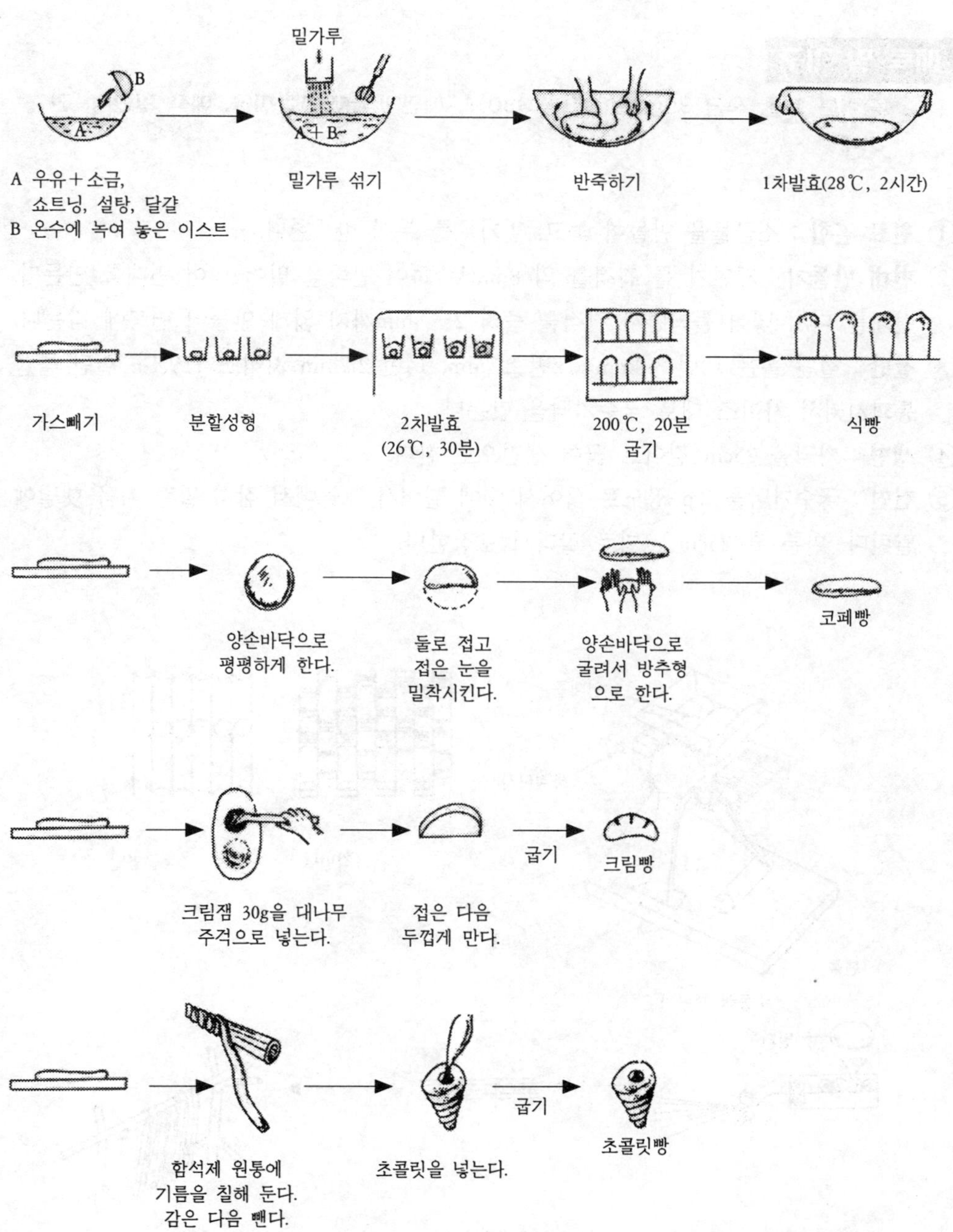

■ 그림 2.1 빵 만들기■

2. 제 면

중력분 1kg, 소금 35g, 물 310~330㎖, 제면기, 널판지, 저울, 메스 실린더, 건조대

① **원료 혼합** : 소금물을 만들어 놓고, 밀가루를 부어 반죽한다.
② **면대 만들기** : 제면기 롤 간격을 약 8mm로 하여 반죽을 밀어 넣어 면대를 만든다. 면대를 다시 넣어 돌리면서 간격을 좁혀 2~3mm까지 얇게 만들어 면봉에 감는다.
③ **절단** : 절단 롤은 10번 3.0mm, 12번 2.5mm, 14번 2.2mm 사이즈가 있다. 절단 롤을 통과시켜서 사이즈 대로 국수가닥을 만든다.
④ **생면** : 가닥을 25cm 길이로 끊어 생면으로 한다.
⑤ **건면** : 국수가닥을 2m 정도로 끊어서 대에 걸어서 그늘에서 잠시 말린 다음 햇볕에 말린다. 마른 후 25cm 크기로 잘라서 포장한다.

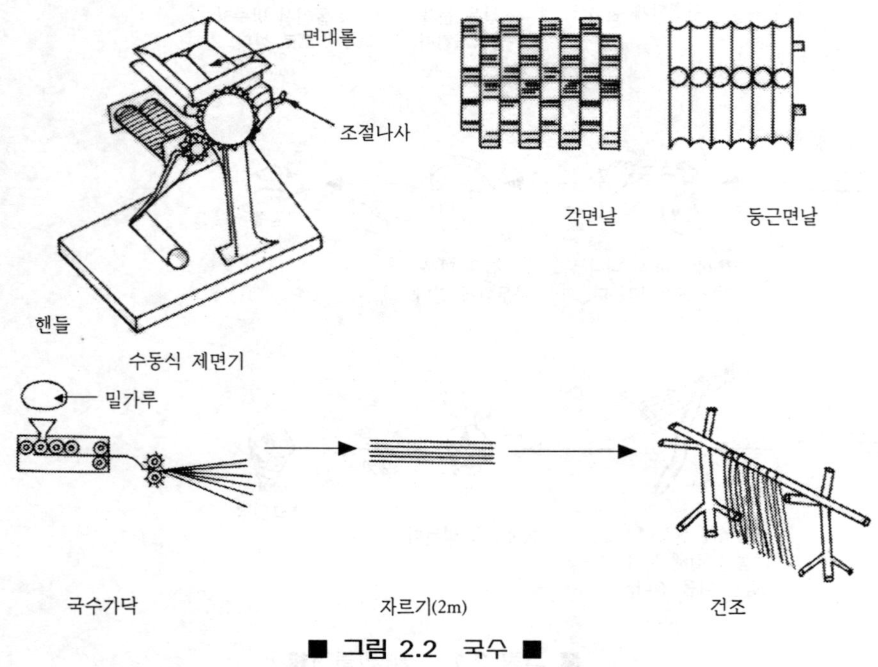

■ 그림 2.2 국수 ■

3. 우 동

재료 및 기구

증력분 500g, 2% 소금물 230㎖, (강력분 + 전분) 가루 약간, 저울, 메스 실린
더, 옹두깨, 판

① **혼합** : 밀가루에 소금물을 가해 반죽한다.

② **반죽** : 이중 삼중으로 한 폴리에틸렌 비닐 푸대에 넣어 발로 밟아가면서 반죽한다.

③ **재우기** : 1시간 숙성시킨다.

④ **면대 만들기** : 홍두깨로 눌러 가면서 면대를 1～2mm 두께로 만들어 자른다. 가루를
뿌려서 달라붙지 않게 한다.

⑤ **가열** : 10배 이상의 끓는 물로 약 15분간 끓인다.

⑥ **수세** : 찬물로 씻어낸다.

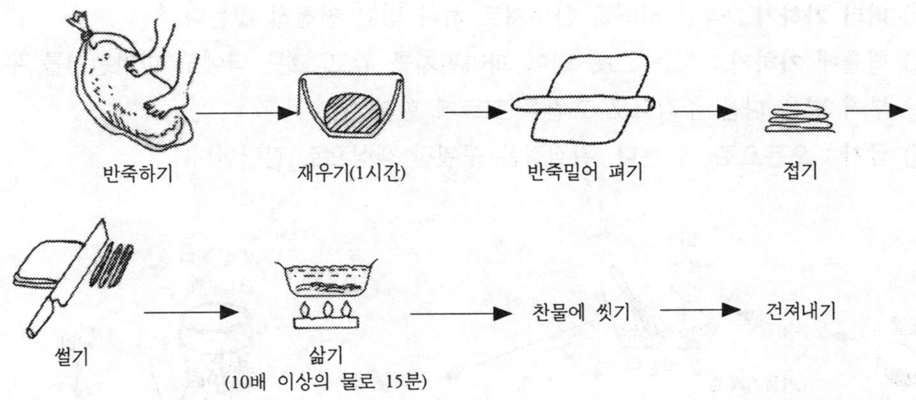

■ 그림 2.3 우동 ■

4. 카스텔라(스폰지 케이크)

달걀 흰자로 거품을 내서 스폰지상으로 한 것이다.

재료 및 기구

> 밀가루 박력분 90g, 설탕 90g, 달걀 3개, 시럽 작은 수저로 2수저, 버터 30~
> 40g, 물 20~30㎖, 믹서, 오븐, 볼, 거품기, 주걱, 케이크형, 케이크용 파라핀지,
> 계량컵과 수저, 저울

① **거품내기** : 달걀을 30℃ 정도로 유지하면서 거품기로 저어서 거품이 나게 한다. 다음, 설탕을 3회로 나누어 가하고 부피가 3배가 될 때까지 잘 젓는다. 믹서로 돌리면 10~15분 정도로 좋다.

② **밀가루 섞기** : 1/3의 물과 시럽을 가해 10회 젓고 밀가루를 가해 재빨리 30회 정도 젓고, 나머지 2/3의 물을 가해 천천히 저어준다. 이때 너무 세게 젓지 않는다.

③ **버터 가하기** : 녹인 버터를 큰수저로 하나 넣고 천천히 젓는다.

④ **형틀에 가하기** : 형틀 그릇 안에 파라핀지를 깔고 그릇 벽에도 파라핀지를 두르고 부어 넣은 다음 주걱으로 표면을 고르게 한다.

⑤ **굽기** : 오븐으로 굽는다. 완결점은 구워진 색상으로 판단한다.

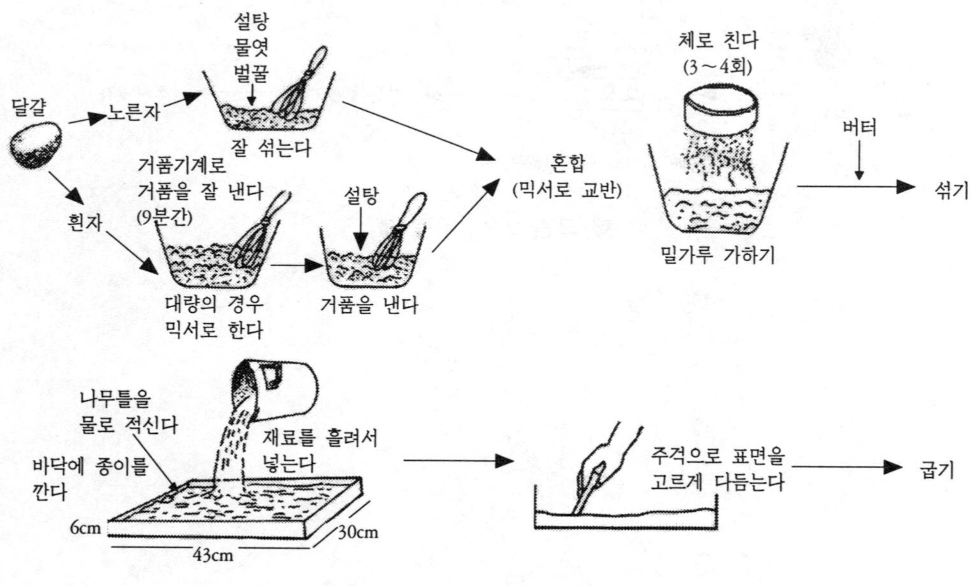

■ 그림 2.4 카스텔라 ■

5. 비스킷(계피 쿠키)

재료 및 기구

밀가루 박력분 200g, 버터 120g, 설탕 120g, 달걀 60g, 아몬드 120g, 말린 귤껍질 가루 약간, 계피 약간 , 믹서, 볼, 거품기, 오븐, 홍두깨, 계량컵, 온도계, 체, 저울

① **버터와 설탕 섞기** : 버터를 실온에서 크림상으로 이기고 설탕을 가해 흰색이 될 때까지 교반하여 이긴다. 믹서는 저속으로 사용해야 하며, 벽에 붙는 것은 주걱으로 가끔 밑으로 긁어내려 주어야 한다.

② **달걀 가하기** : 달걀을 여러 번 나누어 가하면서 젓는다. 레몬껍질과 아몬드도 가한다.

③ **밀가루 가하기** : 밀가루를 체로 치면서 가하여 이긴다.

④ **재우기** : 비닐 봉지에 넣어서 냉장고에서 30~60분 냉각한다.

⑤ **밀기** : 홍두깨로 두께 4~5ml 정도로 밀어서 사각으로 끊는다. 손으로 다듬어서 형을 만든다.

⑥ **굽기** : 160~170°C로 8~10분 굽는다.

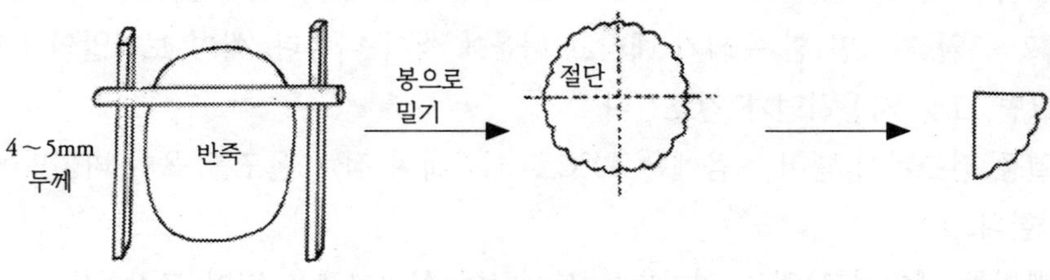

■ 그림 2.5 비스킷 모양 만들기 ■

제 3 장

엿기름

1. 엿기름

재료 및 기구

보리 1kg, 침지통, 열풍 건조기, 분쇄기, 체, 광구병, 온도계

① **정선 및 세정** : 보리를 체로 쳐서 협잡물을 제거하고 물로 씻는다.
② **침지** : 정선된 보리를 침지통에 넣고 3～5배의 물을 가하여 15℃ 정도로 하여 매일 2～3회 물을 갈아주고 2～3일 지나 수분이 45%가 되면 건져낸다.
③ **발아** : 발아 상자에 보리를 3cm 두께로 펴고 자주 물을 준다. 온도는 12～18℃로 유지한다. 2～3일 지나면 흰 뿌리가 내리고 다음에 싹이 나온다. 싹이 보리알의 1.5～2배로 크면 그냥 사용하던가 건조한다.
④ **건조** : 열풍 건조기에 넣어 처음에는 40℃로 시작하여 점차 온도를 올려 마지막에는 65℃로 한다.
⑤ **분쇄** : 뿌리를 제거하고 건조 엿기름을 분쇄하여 실리카겔을 넣어 포장한다.

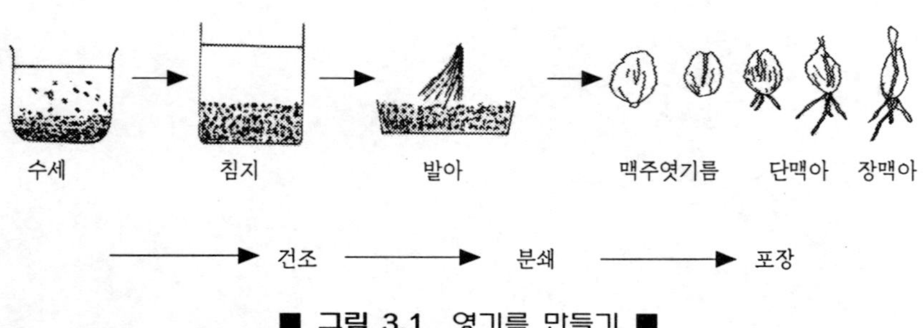

■ 그림 3.1 엿기름 만들기 ■

2. 엿

쌀(또는 전분가루), 엿기름(장맥아), 통, 온도계, 압착기, 이중솥

① **쌀담그기** : 쌀 1.5kg을 물에 하룻밤 담근다.
② **찌기** : 시루에 넣어 1시간 반정도 찐다.
③ **당화** : 고두밥을 통에 넣고 고두밥의 3배의 더운물을 가하여 70°C가 되게 하여 분쇄 맥아 150g을 넣어 잘 섞고 60°C에서 약 5시간 당화시킨다.
④ **짜기** : 자루에 넣어 짠다. 처음 나오는 여과액은 다시 자루에 넣어 여과한다.
⑤ **농축** : 여과액을 이중솥에서 가열 농축한다.
⑥ **완성** : 주걱으로 떠보아 찐득거리는 정도로 판단한다.
⑦ **치기** : 식히면 딱딱한 갈색의 강엿이 된다. 그러나 너무 딱딱하여 먹기 힘들기 때문에 기포를 형성시킨다. 즉, 손으로 잡아늘이는 치기 조작을 반복하여 하얗게 만든다. 공장에서는 기계적으로 친다.

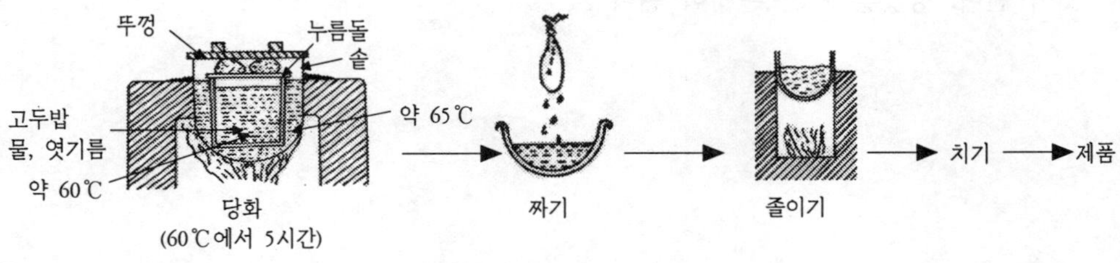

■ 그림 3.2 엿 ■

3. 식 혜

식혜도 엿제조법과 원리가 같다. 그러나 농축하지 않고 마신다.

재료 및 기구

2ℓ 짜리 비이커, 온도계(100℃), 쌀 200g, 엿기름(분쇄한 것) 60g

① **엿기름** : 엿기름 60g에 물 500㎖를 가하여 60℃에서 5분 간격으로 저어주면서 1시간 효소를 추출한 다음 거른다.

② **고두밥** : 쌀 200g을 물에 1시간 담갔다가 30분간 고두밥을 찐다.

③ **섞기** : 고두밥을 2ℓ 짜리 비이커에 넣고 엿기름 추출액을 가하여 1ℓ로 만든다. 용액의 선이 1ℓ에 못 미치면 물을 가하여 맞춘다.

④ **당화** : 60℃ 수조에 넣어서 30분에 한번씩 저어주면서 5시간 당화시킨다.

⑤ **끓이기** : 당화가 끝나면 4/5를 체로 쳐서 꼭 짜내고 거른 액은 나머지 1/5과 섞어서 끓인다. 끓는 상태로 병에 넣고서 마개를 막고 식으면 냉장고에 넣어 두고서 마신다.

⑥ **엿** : 식혜를 여과포로 짜서 졸이면 물엿이 되고, 조금 더 졸이면 조청, 더 졸이면 강엿이 된다. 강엿을 치면 흰엿이 된다.

제 4 장

과자류

1. 감자칩

감자칩(fried potato chips)은 감자를 얇게 썰어서 기름에 튀긴 것이다.

재료 및 기구

감자, 소금, 칼, 세절기, 솥, 통, 식용유

① **원료** : 감자 껍질을 벗겨서 얇게 썰고 물로 씻어서 표면에 붙어 있는 전분을 제거하고 물을 뺀다.
② **튀기기** : 190℃ 정도 기름에 감자를 튀긴다. 튀김 온도를 높이면 흡수되는 기름의 양은 적어진다.
③ **소금넣기** : 소금을 가해 간을 맞춘다.
④ **건조** : 냉풍으로 건조하여 상온이 되면 포장한다.

2. 밀크캐러멜

　설탕, 물엿, 연유, 우유, 밀가루, 버터, 향료 등을 120℃에서 가열하고 냉각하여 일정 두께로 늘여서 사각으로 자른 것이다.

재료 및 기구

설탕 200g, 물엿 500g, 연유 130㎖, 우유 80㎖, 밀가루 40g, 버터 40g, 향료, 스테인레스스틸 냄비, 온도계, 냉각판, 저울

① **설탕 녹이기** : 설탕을 물로 녹이고, 물엿을 가해 섞어서 불에서 내려놓는다.

② **밀가루 섞기** : 우유와 밀가루, 연유를 잘 섞어 놓는다.

③ **설탕섞기** : 설탕용액에 밀가루용액을 가해서 60℃까지 올려서 천천히 저어서 섞는다.

④ **가열** : 120℃까지 온도를 올린다.

⑤ **버터 가하기** : 불에서 내려놓고 버터와 향료 등을 가한다.

⑥ **재단** : 버터를 바른 냉각판에 부어서 2cm 두께로 하여 50분 정도 식힌 다음 칼로 썬다.

제 5 장

두 류

1. 콩나물

재료 및 원료

콩나물콩(일반콩과 다르다) 또는 녹두, 컵라면 먹고 난 플라스틱 그릇, 못, 펜치

① **시루용기 만들기** : 못끝을 불에 달구고 펜치로 못머리 쪽을 잡고 컵라면 밑에 대고 구멍을 여러 개 뚫는다. 너무 굵은 못을 사용하면 콩이 빠져나가므로 적당한 굵기를 사용한다. 이것을 시루로 한다.

② **불리기** : 콩나물콩은 씻어 하루 정도 물에 담가 수분을 충분히 흡수시킨다.

③ **콩나물콩 넣기** : 컵라면 용기 시루 바닥에 헝겊을 깔고 콩나물콩이나 녹두를 씻어서 넣은 다음 헝겊으로 덮는다.

④ **물주기** : 하루 서너차례 물을 준다. 이때, 물은 4~5시간 용기에 받아두어 chlorie을 발산시킨 것이 좋다.

⑤ **뽑기** : 적당히 크면 뽑아서 먹는다.

(20~23시간) (40~43시간) (68~70시간) (92~95시간)   (118~120시간)   (140시간)

■ 그림 5.1 콩나물 ■

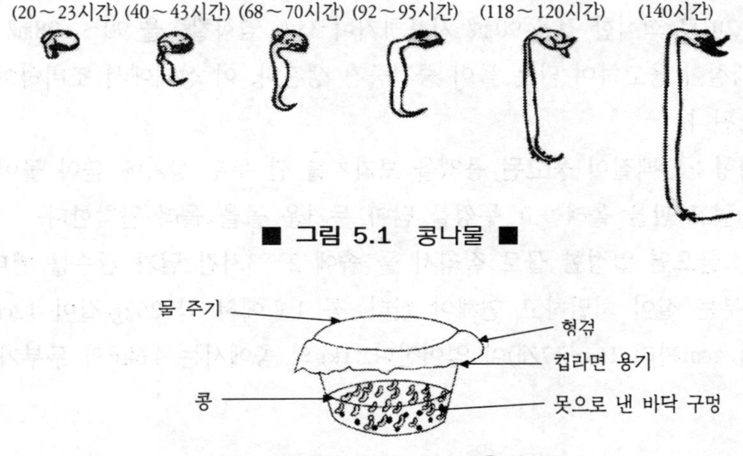

■ 그림 5.2 콩나물 키우기 ■

2. 두 부

콩을 물에 불려서 갈고, 가열하여 짠 용액을 두유(豆乳)라 하며, 여기에 $MgCl_2$, $CaSO_4$, $CaCl_2$ 등을 가해 응고시켜서 물을 짜낸 것을 두부(豆腐)라 한다.

마이너스 전하를 갖는 콩단백질 글리시닌(glycinin)은 플러스 전하를 갖는 무기이온과 만나면 중화되어 응고된다. 응고작용은 $Al_3^+ > Mg^+ > K^+$순으로 강하다. Mg^{2+}, Ca^{2+}은 인산과 결합하여 침전하고, 단백질과는 직접 결합하지 않고 응고만 시킨다.

재료 및 기구

콩, 간수 ($MgCl_2$액, 또는 $CaCl_2$액), 마쇄기(주서, 맷돌), 온도계, 압착 여과용 헝겊과 틀, 응고판(두부 상자).

① **불리기** : 황색이나 백색의 콩을 물로 씻고, 겨울에는 24시간, 봄 가을에는 12~15시간, 여름에는 6~8시간 물에 담근다.

② **마쇄** : 콩을 건져내어 물을 약간씩 가하면서 믹서(주서, 맷돌)로 간다. 물은 생콩 1.8 ℓ에 대하여 2.7~3.6 ℓ 가한다.

③ **가열** : 콩을 갈은 죽에 2~3배의 물을 가하여 30~40분 끓인다. 거품이 나면 석회와 식물성 기름을 같은 양 혼합한 액을 몇 방울씩 가하고 천천히 저어준다.

④ **착즙** : 식기 전에 콩마쇄액을 마대에 넣어 압착하여 두유와 비지를 분리한다.

⑤ **응고** : 착즙액을 미지근하게 가열하여 80℃로 유지하면서 착즙액의 2%양의 간수($MgCl_2$액)를 2~3회 나누어 가하면서 천천히 저어서 놓아둔다. 콩 1.8 ℓ에 대해 액체간수는 2배로 희석한 것을 90㎖ 사용하거나 35% 염화칼슘을 90~108㎖ 정도 가한다. 단백질이 응고하여 맑은 물이 중간중간 생긴다. 이 상태에서 조미하여 먹으면 순두부가 된다.

⑥ **압착과 성형** : 단백질이 응고된 용액을 보자기를 깐 두부 상자에 쏟아 물이 빠지면 보자기를 덮고 판을 올려놓고 뚜껑을 닫아 무거운 돌을 올려 압착한다.

⑦ **간수빼기** : 굳으면 일정한 꼴로 잘라서 물 속에 2~3시간 담가 간수를 뺀다.

⑧ **제품** : 두부는 질이 치밀하고 연해야 한다. 콩 1 ℓ에서 약 262g(길이 12cm, 너비 5cm, 두께 4cm짜리 16~17개)이 얻어진다. 1kg의 콩에서는 4.6kg의 두부가 얻어진다.

콩
물에 불리기
갈기
짜기(두유)
저어준다
끓이기(30분)
약간씩 부으며
천천히 교반한다
응고
천
무거운 돌
간수 가하기
(80℃ 유지)
붓기
짜기
자르기
물에 담그기
(물 갈아주기)

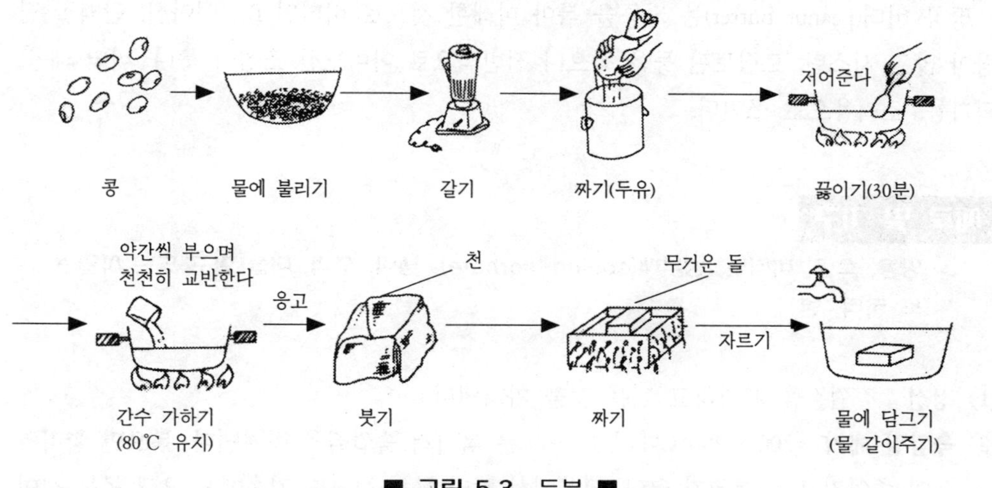

■ 그림 5.3 두부 ■

3. 땅콩 버터

땅콩 버터(peanut butter)는 땅콩을 볶아 마쇄한 것으로 비타민 B_1, 니아신, 단백질 함량이 많고 시스틴, 트립토판 등은 적으나 전반적으로 아미노산 조성이 좋다. 버터 대용, 과자용, 조리용으로 쓰인다.

재료 및 기구

땅콩, 소금, 비타민, 방부제(sodium sorbate), 냄비, 주걱, 마늘 절구 또는 사일런트 커터, 병

① **정선** : 겉껍질을 제거하고 썩은 것을 가려낸다.
② **속껍질 제거** : 200~250°C에서 10~60분 볶아서 속껍질을 벗겨낸다. 볶으면 향미와 색이 좋아지고, 소화되기 쉽다. 고온에서 빨리 볶는 것보다 저온에서 오래 볶는 것이 좋다.
③ **마쇄** : 마쇄는 제품의 맛, 저장성, 기름의 분리와 관계가 깊다. 지나치게 마쇄하면 기름이 분리되며 부패하기 쉽다.
④ **조미료 첨가** : 2~3%의 소금을 첨가한다. 소금은 맛을 좋게 하고 저장성을 높인다. 여기에 비타민 $B_1 \cdot B_2 \cdot C$와 탄산칼슘($CaCO_3$), 무기염을 첨가하기도 하고, 방부제(sodium sorbate)를 0.2g/kg 첨가하기도 한다.
⑤ **제품** : 향미가 있고 담황갈색으로 기름이 분리되지 않고 입에서 부드러운 감이 있어야 한다.

- **땅콩 크림** : 땅콩 버터 1kg에 대하여 설탕 500g, 물엿 600g, 소금 10g, 물 700ml를 가하여 70~80°C로 가열하고 농축하면 땅콩 크림(peanut cream)이 된다.

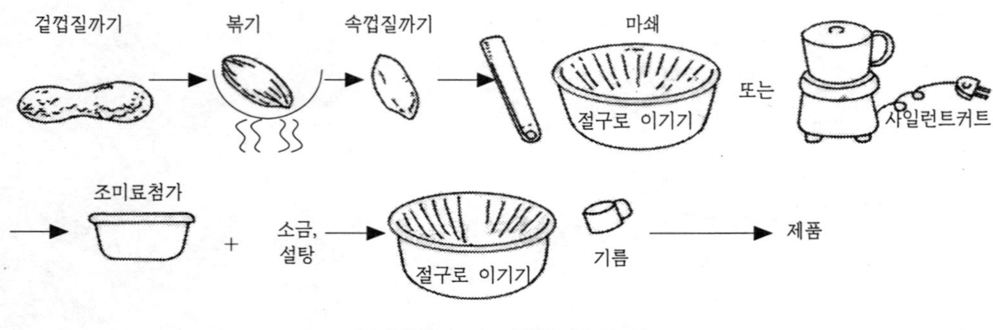

■ 그림 5.4 땅콩 버터 ■

4. 양 갱

    팥은 단백질과 지방 함량이 적고 탄수화물 함량이 많다. 양갱은 팥의 전분질을 이용하는 방법이다.

재료 및 기구

팥 1kg, 설탕 1.4kg, 안전 60g, 중탄산나트륨($NaHCO_3$), 솥, 체, 압착기, 포장재

① **담그기** : 팥을 물로 씻어서 하룻밤 물에 담근다.

② **찌기** : 팥에 두 배의 물을 넣고, 중탄산나트륨을 0.02% 가하여 삶는다. 도중에 냉수를 가하고 30분에서 1시간 정도 삶아서 손가락으로 비벼서 으깨질 정도가 되면 거친 체에 건져 놓는다.

③ **마쇄** : 물을 가하면서 소쿠리에서 손으로 주물러 알맹이를 완전히 마쇄시킨다.

④ **침전** : 소쿠리 밑에 빠지는 액을 받아 윗물은 버리고 가라앉은 것만 압착시켜 팥소를 만든다. 팥소는 바로 양갱 제조에 사용한다.

⑤ **양갱 제조** : 냄비에 한천과 물을 넣고 가열하여 녹으면 설탕을 가해 녹이고, 다음 팥소를 넣어 잘 섞고 상자에 부어 굳힌다.

⑥ **포장** : 굳으면 잘라서 플라스틱 필름이나 은박지에 포장하여 제품으로 한다.

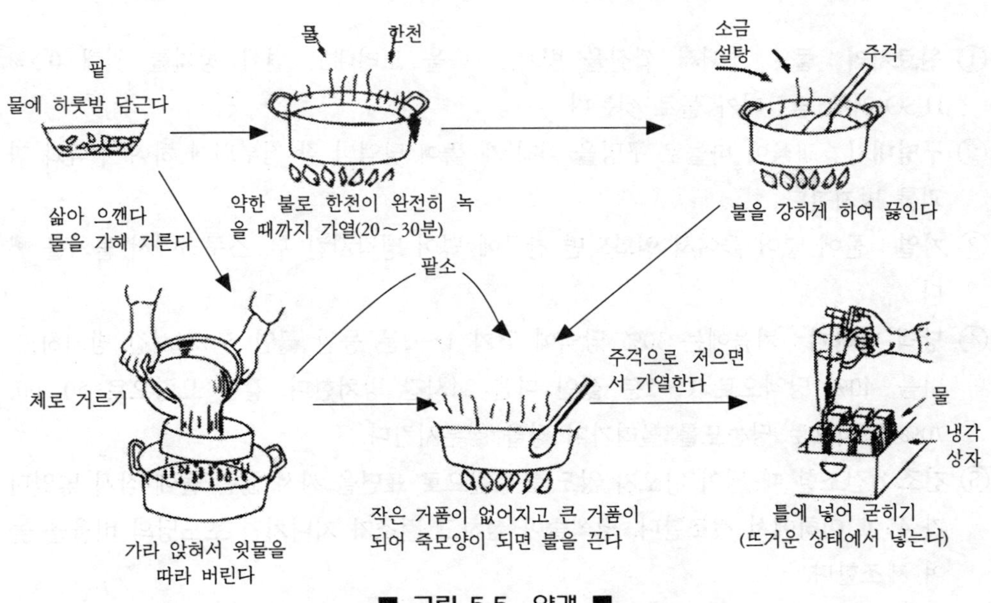

■ 그림 5.5 양갱 ■

제 6 장

당 과

과실이나 채소를 당액으로 절인 것을 당과(糖菓)라 한다. 당과는 그대로 건조한 것, 가루설탕을 뿌린 것, 진한 당액으로 피복하여 건조한 것이 있다. 원료로는 사과, 밤, 복숭아, 살구, 귤, 연뿌리, 생강, 콩 등을 사용한다.

1. 사과캔디

재료 및 기구

사과, 0.5% H_2SO_3, 당액(설탕과 포도당을 2 : 1로 만든 당액 30, 40, 50, 60, 70% 짜리), 계심기, 칼(스테인레스 스틸), 당도계, 온도계

① **원료처리** : 물로 씻어서 껍질을 벗기고 속을 도려내고 변색 방지를 위해 0.5% H_2SO_3액에 담갔다가 물로 씻는다.

② **구멍내기** : 과육에 바늘로 구멍을 여러 개 뚫어 당액이 잘 침투되게 하여 수축과 파괴를 방지한다.

③ **가열** : 물에 넣어 끓여서 연화되면 찬물에 넣어 냉각시킨 후, 소쿠리에서 물기를 뺀다.

④ **당액 가하기** : 처음에는 30% 당액에 담가 1~2분 동안 끓인 후 24시간 방치하고, 다음, 40% 당액으로 1~2분 끓인 다음 24시간 방치한다. 같은 요령으로 50, 60, 70% 당액으로 당농도를 올려가며 당을 침투시킨다.

⑤ **건조** : 건조할 때 당이 나오지 않도록 헝겊으로 표면을 싸서 끓는 물에 잠시 넣었다가 45°C 이하에서 건조한다. 당석출이 심하고 건조가 지나치면 포도당의 비율을 높여 제조한다.

2. 밤당과

재료 및 기구

원료밤(서양종), 당액(설탕과 포도당을 2 : 1로 한 30, 35, 40, 50, 60, 70% 짜리), 냄비, 당도계, 바닐라 에센스 또는 브랜디, 대나무 톱밥, 스테인레스 스틸 칼

① **겉껍질 까기** : 칼로 껍질을 까고 8～10 시간 삶는다. 그동안 3～4회 물을 갈아 주고, 끓인 뒤에는 다른 물로 바꾸어 하루밤 놓아둔다.

② **속껍질 제거** : 칼로 속껍질을 제거한다.

③ **쌓기** : 배트(bath) 밑에 대나무 톱밥을 깔고 밤을 2단으로 쌓고, 배트 밑에 옆으로 작은 구멍을 뚫어서 당액 배출구로 한다.

④ **당액 가하기** : 30%의 뜨거운 당액을 붓고, 하루밤 방치한다. 다음날 당액을 배트 배출구에서 취하여 35% 짜리로 만들어 다시 붓고, 같은 방식으로 70% 당액까지 침투시킨다.

⑤ **향미료 가하기** : 당액 가할 때 밤 1kg에 대해 바닐라 에센스 2정(tablet)이나 상등품의 브랜디를 가하여 침투시킨다.

⑥ **코팅** : 당으로 절인 밤을 80°C로 가열해 놓고 1개씩 115°C로 끓는 당액에 1～2분간 절여서 철망에 꺼내어 겉에 묻은 당액을 떨어뜨린 다음 50°C로 건조시켜 알루미늄 호일로 포장한다.

제 7 장

잼과 젤리류

1. 완성점

① **온도법** : 한창 끓는 용액의 온도계가 104~105°C이면 완성이다.

② **굴절계법** : 굴절 당도계로 읽어서 65~68%이면 완성이다.

③ **젤리 응고에 의한 방법**

  A. 끓는 액을 주걱에 묻혀 흘러내릴 때 줄로 이어지면 안 되고 덩어리로 떨어져야 한다.

  B. 끓는 액을 비이커 안의 맑은 물에 떨어뜨렸을 때 풀어지면 안 되고, 응고해야 한다.

  C. 넓은 접시에 끓는 액을 넣고 식혀서 기울였을 때 엷은 막이 끼고 주름이 생겨야 한다.

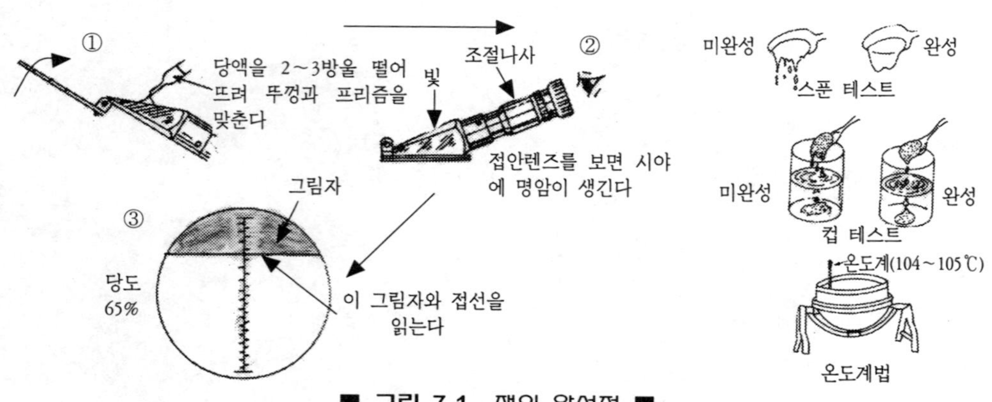

■ 그림 7.1 잼의 완성점 ■

2. 딸기잼

재료 및 기구

딸기 2~3kg, 설탕 2~2.5kg, 냄비, 온도계(200℃), 굴절당도계,

① **딸기** : 형태가 일정하고 단단하고 향기, 산, 감미, 펙틴함량이 높은 것이 좋다.

② **씻기** : 물로 씻어서 소쿠리에 담아 물을 뺀다.

③ **가당 및 농축** : 딸기량의 70~80%에 해당되는 설탕의 1/2과 딸기를 냄비에 가하여 약한 불로 가열하여 설탕이 다 녹으면 나머지 설탕도 넣은 다음 약간 센 불로 15~20분 끓인다. 눌지 않게 저어주어야 하며, 단시간에 끝나지 않으면 향기와 색이 나빠진다.

④ **끝내기** : 스푼법, 굴절당도계, 온도계, 컵법 등으로 완성점을 조사한다. 온도법은 104℃, 당도법은 65%를 완성점으로 한다.

⑤ **담기 및 밀봉** : 80~90℃로 냉각시켜서 기포를 떠내고 병에 넣어 밀봉하고 즉시 냉각한다.

⑥ **살균** : 오래 보존하려면 100℃에서 5~6분 살균하여 냉각시킨다.

⑦ **제품** : 원료 딸기에서 120~130%의 제품을 얻는다.

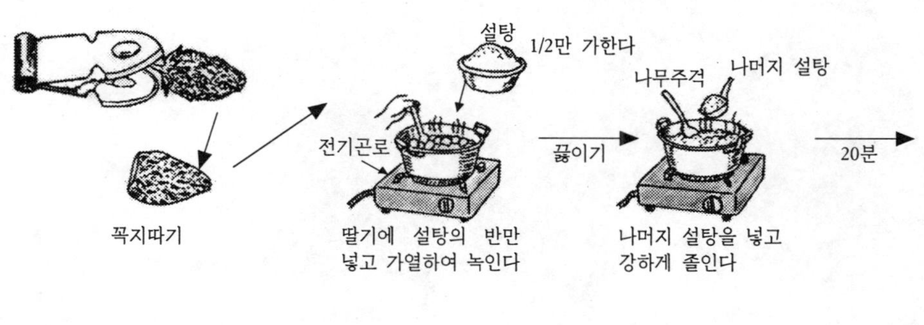

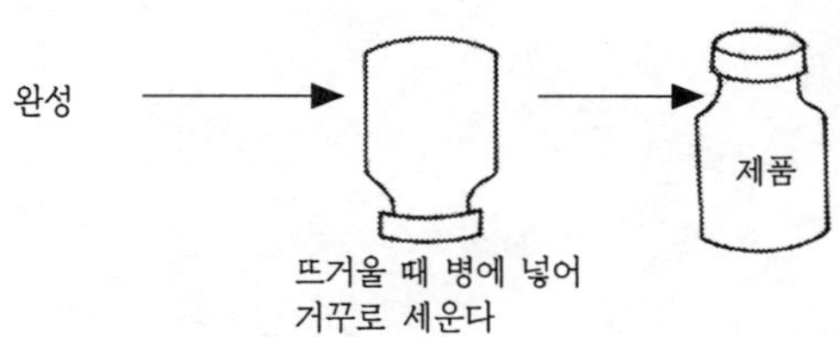

■ 그림 7.2 딸기잼 ■

3. 사과잼

재료 및 기구

사과, 설탕, 이중솥, 여과기, 살균기, 칼, 절단기.

① **원료** : 씻어서 두께 1.0cm 정도로 썬다.
② **전처리** : 산화에 의한 착색을 방지하기 위해 2% 소금물에 담근다. 껍질 채로 강판에 갈아서 펄프로 만들기도 한다.
③ **찌기** : 이중솥 등으로 형태가 없어질 때까지 30분간 찐다.
④ **여과** : 여과기로 여과하여 껍질과 씨를 제거하고 끓여서 식기 전에 통에 넣은 것을 사과 펄프라 한다.
⑤ **가당 및 농축** : 펄프의 70% 설탕을 두 번에 나누어 넣으면서 졸인다.
⑥ **담기 및 살균** : 완성점(104°C)이 되면 병에 넣어 밀봉하고 100°C에서 20분간 살균하고 냉각시킨다.

4. 복숭아잼

재료 및 기구

복숭아 1.5~2kg, 설탕 800g, 냄비, 스테인레스 스틸칼, 온도계

① **원료** : 백육종보다 황육종이 좋다.
② **껍질 벗기기** : 물로 씻어서 끓는물에 잠깐 넣었다가 꺼내어 껍질을 벗긴다.
③ **속빼기** : 한가운데를 세로로 갈라서 씨를 뺀다.
④ **가당 및 농축** : 복숭아를 강판에 갈거나 믹서로 파쇄하여, 원료의 1/5~1/6의 물을 가한다. 60~80%의 설탕을 나누어 넣으며 가열 농축한다.
⑤ **완성** : 컵법이나 온도법으로 103~104°C, 당도계로 65%에 완성한다.
⑥ **채우기** : 식기 전에 거품이 들어가지 않도록 병에 담아 밀봉한다.
⑦ **살균** : 100°C에서 20분간 살균하여 냉각시킨다.

5. 사과젤리

사과 2kg, 설탕 1.1kg, 구연산 2g, 냄비, 온도계, 푸대, 압착기

① **원료** : 펙틴, 산, 당분이 적당한 품종으로 성숙 직전 수확한 것이 좋다. 깨끗이 씻는다.

② **절단** : 스테인레스 스틸 칼로 4등분하여 5mm 두께로 잘라 소금물에 넣는다.

③ **익히기** : 사과의 1~1.5배 물을 가하고 70°C 정도에서 20~30분간 끓인다.

④ **여과** : 끓인 것을 푸대나 압착기, 필터프레스로 여과한다.

⑤ **청징** : 정치하여 상징액을 얻거나, 원심분리하여 상징액을 얻는다.

⑥ **가당 및 농축** : 과즙의 펙틴과 산, 당분을 정량해 놓고 설탕을 1/2 넣은 다음 2~3회로 나누어 넣으면서 강한 불로 빨리 끓인다. 눌지 않게 저어 주면서 거품은 걷어 낸다.

⑦ **완성점** : 스푼법, 굴절당도계, 온도계, 컵법등으로 완성점을 조사한다.

⑧ **담기** : 병조림하여 80°C에서 15~30분간 살균한다.

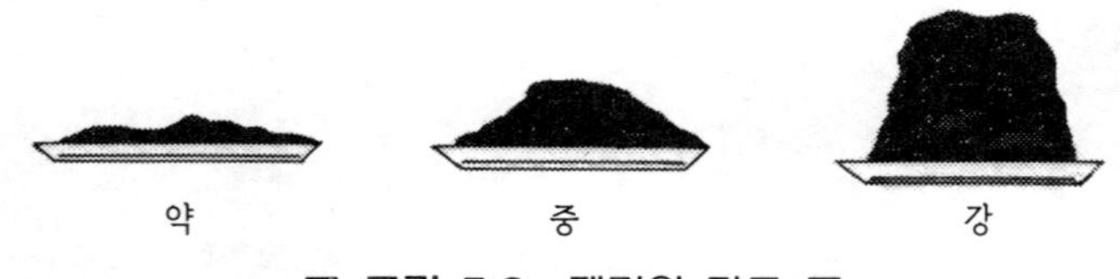

■ 그림 7.3 젤리의 강도 ■

6. 포도젤리

재료 및 기구

포도, 설탕, 압착기(또는 주서), 솥, 냄비

① **원료** : 적색이나 흑색종을 주로 사용한다. 알을 따서 씻는다.
② **착즙** : 포도알의 1/4 정도의 물을 붓고 가열하여 20분간 끓여서 압착기로 짜서 과즙을 얻는다.
③ **저장** : 찬 곳에 방치하여 상징액만 사이펀으로 취하고 병조림하여 살균한 뒤 겨울까지 방치하면 주석이 침전된다.
④ **여과** : 침전물을 여과한다.
⑤ **가당 및 농축** : 과즙에 60~70%의 설탕을 가하여 사과젤리와 동일한 방법으로 조제한다.

7. 귤 마멀레이드

재료 및 기구

여름귤, 구연산, 설탕, 나사마개 병, 마멀레이드 슬라이서, 널판지, 찜통, 주걱, pH
시험지, 냄비(농축용, 지름 39cm)

① **세정 및 절단** : 귤을 씻고, 위아래를 잘라내고, 과육쪽은 세로로 6~8등분하여 껍질
과 과육을 나눈다.

② **과피 처리** : 껍질을 1~1.5mm 두께로 잘라서 같은 무게의 물을 가하고 30분 정도
끓여서 물로 씻고 물기를 뺀다.

③ **과육 처리** : 으깨어 포로 짠다. 찌꺼기에는 같은 양의 물과 구연산 6g을 넣고 연해질
때까지 끓여서 포로 즙을 짜고, 다시 같은 양의 물을 넣고 끓여 즙을 짜서 펙틴즙으
로 한다.

④ **배합** : 처리 껍질 1kg, 과즙 0.7g, 펙틴즙 1.2kg을 혼합하고, 설탕을 혼합 재료의
130% 정도 가한다.

⑤ **농축** : 냄비에 1/2 정도 넣고 끓인다. 주걱으로 잘 저어 눌어붙지 않게 하면서 센 불
로 신속하게 농축한다. 완성점 시험을 하여 완성되면 꺼낸다.

⑥ **담기 및 밀봉** : 병에 넣어 밀봉한다. 거품이 있는 상태로 밀봉하면 안 된다.

⑦ **살균 및 냉각** : 90℃의 뜨거운 물 속에 병을 거꾸로 넣고 10분간(작은 병은 5분간)
살균한다. 냉각은 병을 찬물에 직접 넣으면 병이 깨지므로 냉수를 가해 어느 정도
냉각된 다음 찬물에 넣는다.

과피
칼로 십자형으로 잘라
껍질을 벗긴다
폭 3cm 정도로 절단하고
1mm정도로 자른다
3cm
약 1mm로 얇게 자른다
끓이기(30분)
탈수
세척
(1~3시간)
3~4회 물을 갈아준다
솥

과육
압착
찌꺼기
과즙

혼합가열
과피와 과육을 섞어서
솥에 넣어 가열한다
끓으면 100% 설탕을 넣
어 졸인다
솥

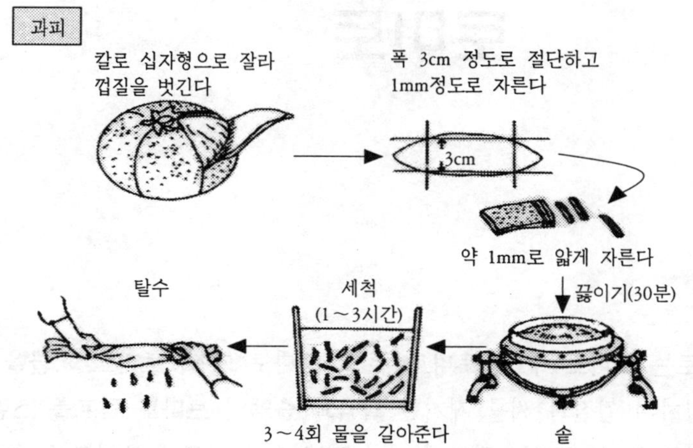

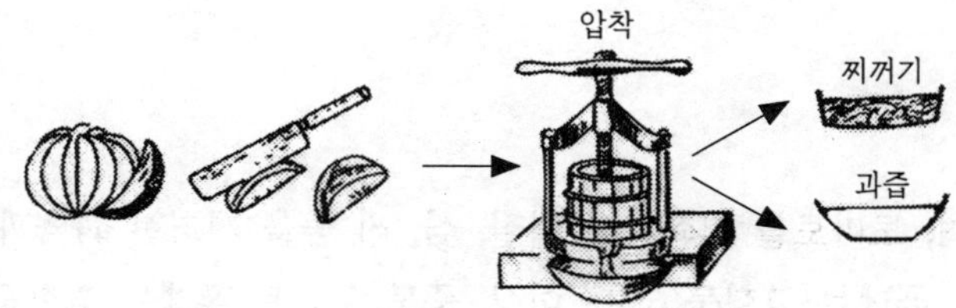

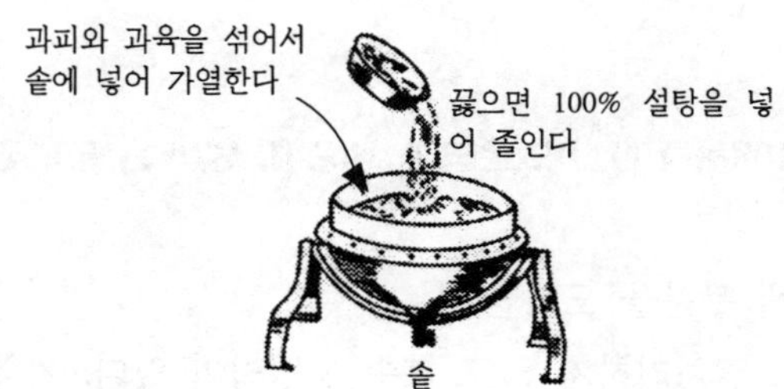

■ 그림 7.4 귤 마멀레이드 ■

제 8 장

토마토

토마토 가공품으로는 토마토 주스, 토마토 퓨레, 토마토 케첩, 토마토 피클을 들 수 있다. 토마토를 펄핑하여 껍질과 씨를 제거한 과육과 즙액인 토마토 펄프를 조린 것을 토마토 퓨레(puree)라고 한다. 조리는 정도에 따라 덜 익은 토마토에 조미료 등을 넣어서 만든 것을 토마토 피클(pickle)이라고 한다.

1. 토마토 퓨레

토마토 소스라고도 하며, 토마토를 파쇄하여 껍질, 심, 씨 등을 제거한 과육과 즙액을 졸인 것이다. 저도 토마토 퓨레는 고형물 6.3% 이상, 중도 토마토 퓨레는 고형물 8.37% 이상, 고도 토마토 퓨레는 고형물 12% 이상, 토마토 페이스트는 고형물 22% 이상, 고도 토마토 퓨레는 고형물 33% 이상이다.

재료 및 기구

토마토, 냄비(또는 증발솥), 믹서(녹즙기), 세, 온도계, 비중계, 병(또는 통), 권체기

① **씻기** : 꼭지를 따고 씻고서 녹색 부분을 도려낸다.
② **파쇄** : 가열하여 부수는 가열법, 열처리하지 않고 부수는 냉법이 있다. 가열법은 찜 통에 넣고 강한 증기로 3~4분간 찐다. 믹서나 녹즙기로 간다. 없으면 마늘절구로 으깬다.
③ **농축** : 이중솥이나 냄비로 1/2 부피로 농축하여 비중 1.03~1.04로 만든다.
④ **여과** : 자루로 여과한다.
⑤ **채우기** : 병이나 깡통에 넣어 권체한다.

⑥ **살균** : 100°C에서 40~50분간 살균하고 냉각시킨다.

⑦ **제품** : 과육과 과즙이 분리되지 않아야 하고, 여과액의 비중은 1.03~1.04가 좋다.

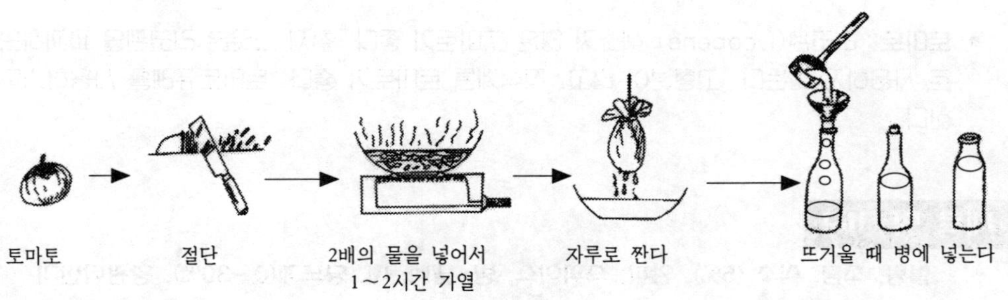

■ **그림 8.1** 토마토 퓨레 ■

2. 토마토 케첩

토마토 퓨레에 향료, 소금, 설탕, 식초 등을 가하고 조미한 것이다.

- **토마토** : 리코펜(lycopene) 색소가 많은 토마토가 좋다. 철제 그릇은 리코펜을 파괴하므로 사용하지 않는다. 고형분이 많고, 적색계통 토마토가 좋다. 토마토퓨레를 사용하기도 한다.

재료 및 기구

설탕, 소금, 식초 (5%), 양파, 스파이스, 병, 냄비, 체, 당도계(0~30%), 왕관타전기

■ 표 8.1 토마토 케첩 배합 비율 ■

재료명	배 합 비 율(%)		
	(1)	(2)	(3)
토마토페이스트	40.0	35.0	—
토마토 퓨레	—	—	90.0
토마토플레이버	0.03	—	—
물엿	20.0	9.1	—
설탕	1.0	11.4	5.0
옥수수 전분	1.0	—	—
식초	8.0	8.0	—
30% 초산	—	—	1.0
양파분말	0.4	—	0.5
마늘분말	0.27	0.27	0.05
정제소금	2.0	2.0	1.0
구연산	0.1	0.1	—
글루탐산나트륨	0.27	0.27	—
카르복시메틸 셀룰로오스	—	0.1	—
고춧가루	0.027	0.027	0.01
계피	0.005	0.005	—
Clove	0.04	0.04	0.04
Sage	0.01	0.01	—
육두구	—	—	0.03
메이스	—	—	0.01
물	26.848	33.678	2.16
합계	100	100	100

① **1차재료 가하기** : 토마토 퓨레를 냄비에 끓이면서 설탕의 반 정도를 가하여 녹이고 분말 양파와 마늘을 넣고 농축한다.

② **2차재료 가하기** : 완성점에 가까워지면 온도를 낮추고 설탕, 소금, 식초 및 향신료를 가한다. 설탕의 일부는 처음 끓었을 때 집어넣어 빛깔을 고정시킨다. 소금은 가열용기의 금속에 작용하며, 제품의 색을 퇴색시키므로 끝에 가서 넣는다.

③ **향신료 가하기** : 향신료 및 식초(향초)는 완성 직전에 첨가한다.

④ **완성** : 비중 1.12～1.13정도, 고형물 25～30%로 농축되면 제품으로 한다. 자루로 여과하여 입자를 균일하게 하면 더 좋다. 약 40～50분 이내에 완성시켜야 한다.

⑤ **담기 및 살균** : 식기 전에 병에 담아 밀봉 살균한다.

⑥ **제품** : 생퓨레(비중 1.20) 10 ℓ 로부터 케첩 3.3～4.5 ℓ 가 얻어진다. 저온에서 저장한다.

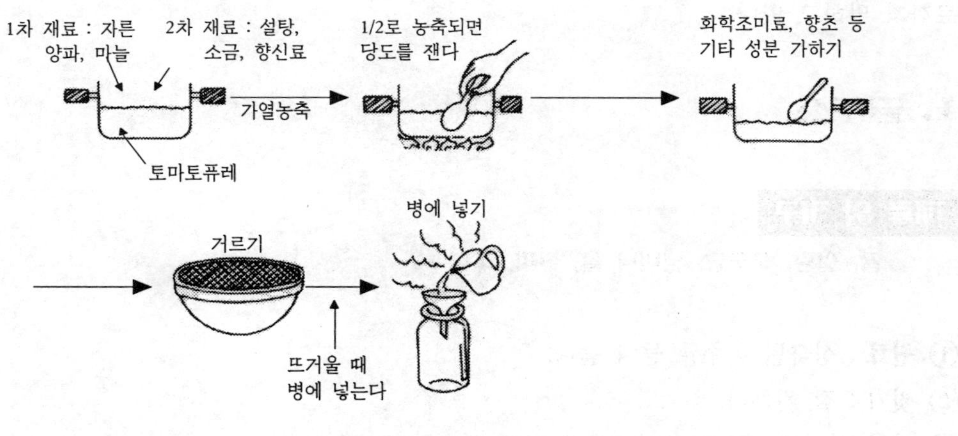

■ 그림 8.2 토마토 케첩 ■

제 9 장

과실주스

  천연과실주스란 과실을 짠 것으로 원과즙의 조성과 향기를 가지고 있다. 미국에서는 천연과실주스 만을 말하며, 인공 성분을 넣지 못한다. 그러나 우리 나라는 과즙함유 음료까지 말하고 있다.

1. 귤주스

재료 및 기구

  귤, 설탕, 포도당, 냄비나 솥, 펄퍼, 쵸퍼

① **원료** : 성숙된 온주귤 등이 좋다.

② **씻기** : 잘 씻는다.

③ **껍질 벗기기** : 80°C 물에 2분간 담근 후 껍질을 벗겨낸다.

④ **착즙** : 2~3조각으로 잘라서 믹서, 주서, 녹즙기 등으로 파쇄하여 착즙한다. 없으면 마늘절구로 으깬다. 다음, 자루나 체로 거른다.

⑤ **가당** : 당도를 13~14%로 조절한다. 귤 4kg에서 2kg 정도의 과즙이 얻어진다. 여기에 물 200g과 설탕 150g과 유화제를 가한다.

⑥ **채우기** : 과즙을 80°C로 가열하여 병에 넣고 밀봉한다.

⑦ **살균** : 80~82°C에서 20분간, 82~88°C에서 6~10초간 가열하여 급냉한다.

⑧ **제품** : 원료 10kg에서 3~4 ℓ 가 얻어진다.

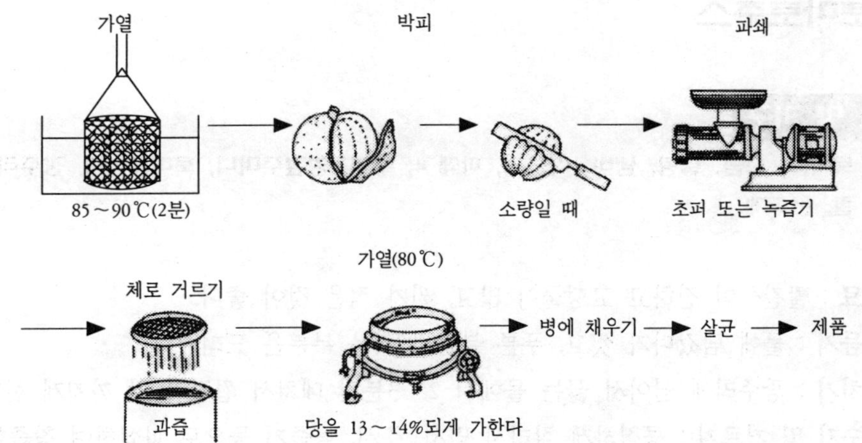
가열
85~90℃(2분)
박피
소량일 때
파쇄
초퍼 또는 녹즙기
체로 거르기
과즙
가열(80℃)
당을 13~14%되게 가한다
병에 채우기
살균
제품

2. 토마토주스

재료 및 기구

토마토, 소금, 설탕, 냄비, 착즙기, 파쇄기, 주걱, 헝겊주머니, 토마토, 체, 광주리, 칼, 온도계.

① **원료** : 빨간색이 진하고 고형물이 많고, 씨가 적은 것이 좋다.

② **다듬기** : 물에 담갔다가 씻고, 푸른 부분과 썩은 부분은 도려낸다.

③ **데치기** : 광주리에 담아서 끓는 물에서 2~3분간 데쳐서 껍질이 잘 까지게 한다.

④ **부수기 및 거르기** : 큼직하게 잘라서 믹서, 주서, 녹즙기 등으로 파쇄하여 착즙한다. 없으면 마늘절구로 으깬다. 체눈 1mm 짜리 얼개미에 넣어 비벼서 과육을 파쇄하면서 껍질을 제거한다. 다시 0.5mm의 체로 걸러서 섬유질을 제거한다. 양이 많을 때는 토마토 펄퍼와 토마토 피니셔를 쓴다.

⑤ **조미** : 신맛을 완화시키기 위해 소금과 설탕을 0.5~1.0% 넣는다.

⑥ **끓이기 및 살균** : 스테인레스 스틸 솥에서 끓인다.

⑦ **담기** : 뜨거운 상태로 통에 담고, 탈기, 밀봉한다.

⑧ **살균** : 100°C에서 10~12분간 살균한 후 급랭한다.

3. 사과주스

재료 및 기구

사과, 마쇄기, 강판, 무명헝겊, 계란흰자위(또는 펙틴분해효소제)

① **원료** : 홍옥, 국광, 왜금 등이 좋다. 덜익은 것은 좋지 않다.

② **씻기 및 도려내기** : 물로 씻거나, 1% 염산에 5분쯤 담가두어 비산염을 제거한 후 물로 씻는다. 부패 부분, 병충해 부분은 도려낸다.

③ **부수기 및 짜기** : 사과를 잘게 썰어 마쇄기나 강판으로 간 다음 무명헝겊을 사용하여 압착기로 짠다. 사과양의 55% 과즙을 얻을 수 있다.

④ **청징 및 여과** : 과즙에 달걀 흰자를 풀어서 75°C로 가열하였다가 식히면 침전이 생긴다. 맑아지면 거른다. 그러나 이 방법은 여러 날 걸린다. 과즙을 75°C로 데웠다가 45°C로 식혀서 펙틴분해효소를 0.1% 가하여 몇 시간 두면 맑아진다. 위액을 따라낸 다음 75°C로 가열하여 흐려지면 다시 거른다.

⑤ **살균** : 소금이나 비타민 C를 약간 넣으면 맛이 좋아진다. 병에 넣고 밀봉하여 80°C에서 30분간 살균한 후 식힌다.

⑥ **제품** : 원료 10kg에서 6~7 ℓ 의 주스가 얻어진다.

4. 포도주스

냄비나 솥, 체, 압착기, 무명헝겊, 병, 적포도

① **원료** : 적색계 콩코드, 캠블어리, 머스컷베일리 A, 나이아가라가 좋다.

② **씻기** : 포도송이를 물이나 0.5% 염산용액이나 중성세제 등으로 씻는다.

③ **알따내기** : 성긴 철망에 포도송이를 대고 문질러서 포도알을 딴다.

④ **파쇄** : 초퍼, 절구, 녹즙기 같은 것으로 파쇄한다.

⑤ **가열** : 법랑이나 스테인레스 스틸 2중솥으로 60~80°C로 10분간 가열한다.

⑥ **짜기** : 자루나 압착기로 짠다. 50%의 포도즙을 얻는다.

⑦ **주석 제거** : 85°C까지 가열하여 병에 담아 차고 어두운 곳에 3~6개월 정도 놓아두면 주석 결정이 생겨서 가라앉는다.

⑧ **병조림** : 위의 맑은 액만을 분리하여 100㎖에 대하여 20g의 설탕과 구연산을 적량 넣는다.

⑨ **살균** : 병에다 넣어서 80°C에서 5~10분간 살균하여 식힌다.

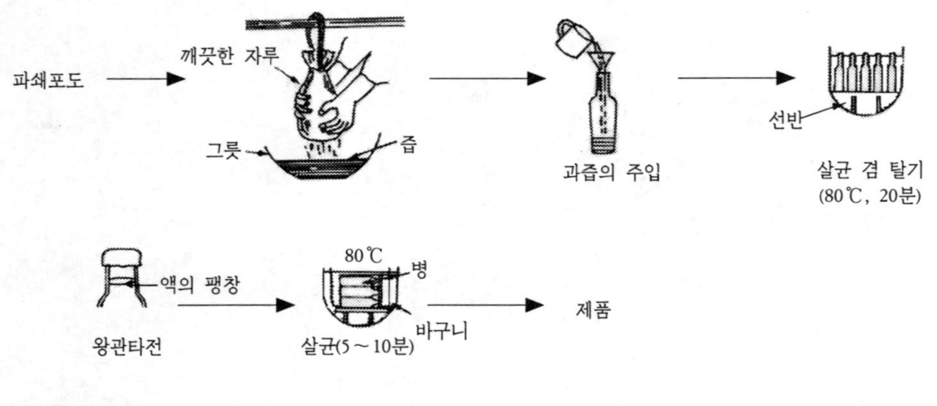

■ 그림 9.2   포도 주스 ■

5. 오렌지 스쿼시

재료 및 기구

귤, 레몬, 귤유(orange oil), 설탕, 구연산, pH 시험지, 소쿠리, 믹서, 찜통, 굴절당도계
(0~30%, 60~90%용), 천칭(100g), 온도계, 피펫(orange oil용), 메스실린더.

① **원료 처리** : 귤의 겉껍질과 속껍질을 벗긴다. 믹서, 주서, 녹즙기로 갈거나 마늘절구
로 으깨어 90°C에서 30초간 가열하여 펄프를 만든다. 펄프에 구연산을 1.3%, 물을
50%, 62% 시럽(가열한 것)을 85% 가한다.

② **담기** : 약간 가열하여 귤유(orange oil)를 첨가하고 즉시 병에 주입하고 병마개를 막
는다.

③ **살균** : 90°C에서 10분간 살균한다.

④ **냉각** : 급히 냉각하지 말고 물을 조금씩 열탕 속에 흘려 냉각하여 병이 깨지지 않도
록 한다.

6. 분말주스

재료 및 기구

첨가제(색소, 향료, 인공감미료, 강화영양소), 감미료, 유기산, 플라스틱 포장재료, 혼합용 절구 또는 혼합기, 저울(100g, 1kg)

① **원료** : 다음과 같은 원료를 적은 양에서부터 많은 양으로 섞는다. 그러나 인공착색료와 같이 미량인 원료는 소량의 포도당에 섞어서 사용한다.

포도당	800g	인공착색료(황색 4호)	0.015
설탕	200	인공착색료(황색 5호)	0.0003
구연산	8	인공감미료(사카린)	1
호박산	17	분말플레이버(파인)	10
호박산나트륨	0.5	영양강화제(비타민 C)	3

② **담기** : 혼합한 제품을 비닐팩 등에 일정량씩 포장한다.
③ **밀봉** : 밀봉하여 제품으로 한다.

제 10 장

건조과일

1. 건포도

재료 및 기구

씨없는 포도(24~28 브릭스) 0.6% 수산화나트륨액, 27% 중탄산나트륨($NaHCO_3$) 용액, 식용유, 온도계, 건조기

① **씻기** : 물로 잘 씻어 물기를 뺀다.

② **알칼리 처리** : 0.6% 수산화나트륨 용액(93°C)으로 5초간 처리하여 포도 표면의 왁스분을 녹인 다음 물로 알칼리분을 씻어낸다.

③ **건조** : 건조기로 저온부터 차례로 온도를 높여서 75°C까지 올렸다가 최종 온도 65°C로 하여 15~20시간 건조시킨다.

④ **제품** : 수분 15% 정도가 되어야 한다.

2. 곶 감

홍시가 안 된 떫은 감, 저울, 스테인레스 스틸 칼, 핀셋, 건조기(드라이어), 황(S)

① **박피** : 칼로 꼭지 부근에서부터 껍질을 벗긴다.

② **엮기** : 새끼줄에 꼭지를 끼우거나 철사로 감 두 개의 꼭지를 서로 묶어서 대에 걸어 놓는다.

③ **건조실 건조** : 건조실에서 황을 태워 살균한 다음 30∼38℃에서 4∼5일간 서서히 건조시킨다. 감이 딱딱해지면 주물러서 부드럽게 하여 다시 건조시킨다. 도중에 핀셋으로 씨를 뽑아주고 구멍을 눌러서 모양을 만든다.

④ **풍건** : 표면에 흰 가루가 보이기 시작하면 꺼내어 상자에 짚과 곶감을 번갈아 층으로 쌓아 풍건시킨다. 씨빼기 등은 마찬가지로 조작한다. 천일 건조는 햇볕과 통풍이 잘 되는 곳에서 말린다.

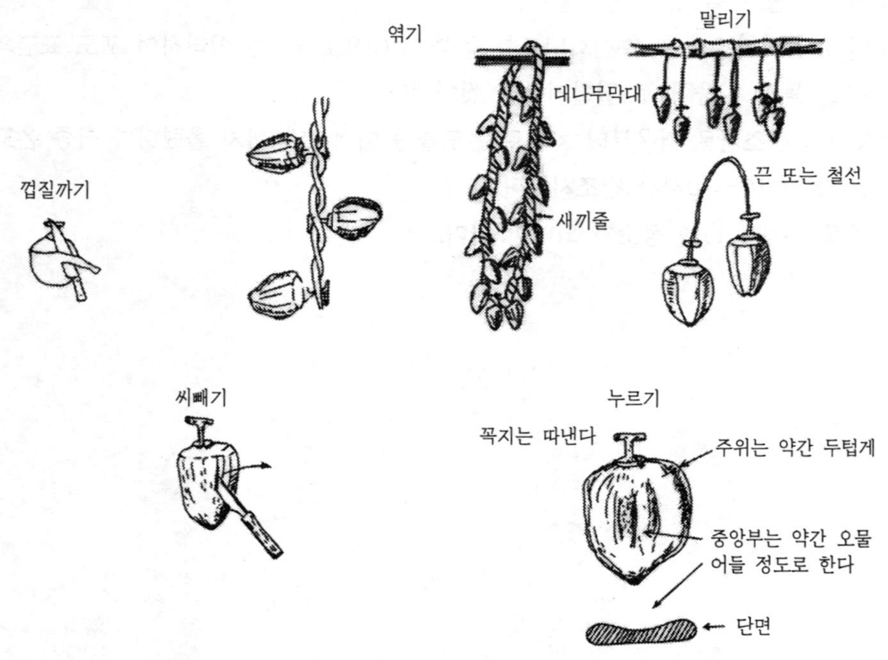

■ 그림 10.1 곶감 ■

3. 건조사과

재료 및 기구

사과(옹옥), 스테인레스 스틸 칼, 중성 세제나 0.1% 염산액, 제심기, 건조기 및 훈 증암, 황

① **씻기** : 중성 세제나 0.1% 염산으로 씻고 물로 씻는다.
② **박피 및 심 제거** : 껍질을 벗기고 제심기로 심을 제거한다.
③ **자르기** : 1cm 정도 솔방울 모양으로 자른다.
④ **황훈증** : 황을 태워 훈증을 한다.
⑤ **건조** : 건조기에서 습도 20~30%, 온도 70℃ 이하에서 6~10시간 건조시킨다. 진공 건조로 수분 2~3%까지 건조하면 더 좋다.
⑥ **제품** : 수분 15~20% 정도가 좋고 엷은 황색으로 맛과 향이 좋아야 한다. 수율 14~ 17%이다.

4. 건조채소

재료 및 기구

채소(배추, 무, 호박, 가지, 박, 우엉, 산나물, 고구마, 감자 둥), 건조 상자, 칼, 0.5% 탄산나트륨이나 수산화나트륨용액

① **씻기** : 물에 잘 씻어 놓는다.
② **박피 및 세절** : 껍질을 벗기거나 가늘게 썬다. 대규모일 때는 기계로 벗기거나 알칼 리 박피한다. 근채류는 3~5mm 두께로 썬다. 감자, 우엉 등은 세절하여 바로 물에 담가서 갈변을 방지한다.
③ **열처리** : 근채류는 2~3분, 엽채류는 15~30초 데쳐서 바로 식힌다.
④ **건조** : 근채류는 수분 15%, 엽채류는 10~11%가 될 때까지 햇빛에 말린다.
⑤ **선별 및 포장** : 고르고 형이 부서지지 않은 것을 봉지에 밀봉 포장하여 저장한다. 포 장에는 탈산소제와 흡습제를 가하는 것이 좋다.

- **고구마 건조** : 절간 고구마는 주정, 물엿, 전분, 포도당 원료로 사용된다. 건조 기간이 오래 걸 리면 착색되므로 2%의 구연산 용액에 3~4분 담갔다가 건조한다. 아황산가스를 사용하면 갈변 은 막을 수 있으나 비타민 A가 파괴된다.

제11장

감 우리기(탈삽)

감에는 떫은감과 단감이 있다. 단감은 추운 지방에서는 재배가 안 된다. 떫은맛은 수용성 탄닌이 나타내므로 알코올, 아세틸렌가스, 소금물 등으로 불용성으로 만들어서 떫은맛을 없앤다.

재료 및 기구

감, 에틸알코올, 밀봉용기, 짚, 탈지면

1. 열탕법

① 통에 70°C의 물을 가해 50°C가 되면 감을 넣고 뚜껑을 덮어 밀봉한다.
② 담요로 통을 싸서 40°C로 일주일 놓아두면 떫은맛이 없어진다.
③ 1주일 동안 40°C로 유지하기 어려우면 12시간 경과할 때마다 뜨거운 물로 바꾼다.
④ 물의 온도가 너무 높으면 떫은맛이 없어지지 않고, 물러져서 상품가치가 떨어진다.

2. 알코올법

① 70~80 ℓ 통에 2~3cm 짚을 깔고 감을 넣는다.
② 청주 800㎖나 35도 소주 400~500㎖를 뿌리고 짚과 감을 번갈아 쌓는 조작을 반복하여 통에 가득 채운다.
③ 마지막으로 2cm 두께로 짚을 덮고 밀봉하여 7~8일쯤 놓아둔다.
④ 감 꼭지부분에 탈지면으로 알코올을 묻히는 방법도 있다.

3. 탄산가스법

세포 호흡을 중지시키는 방법으로 탄산가스의 압력을 높이면 시간을 단축할 수 있다. 밀봉 용기에 감을 넣고 속의 공기를 탄산가스로 바꾸어 채운 후 1주일 가량 두면 우려진다.

① **상압법** : 통에 감을 담고, 탄산가스를 채우고 밀폐하여 5～6일에 우려낸다. 탄산가스 대신 드라이 아이스를 18 ℓ 통에 30g 정도 사용한다.

② **가압법** : 밀폐 가능한 탱크나 콘크리트방에 감을 넣고 펌프로 공기를 50～70mmHg까지 빼낸 다음 통에 든 탄산가스를 1～1.4kg/cm² 까지 가한다. 압력이 낮아지면 다시 가스를 보충한다. 20℃ 정도에서 24～36시간 지나면 우려진다.

③ **가스빼기** : 우려지면 가스를 천천히 빼낸다.

④ **제품** : 탄산가스로 우려낸 감은 알코올법보다 풍미가 떨어지지만 상처가 적고 제품이 단단하고, 저장성이 높다.

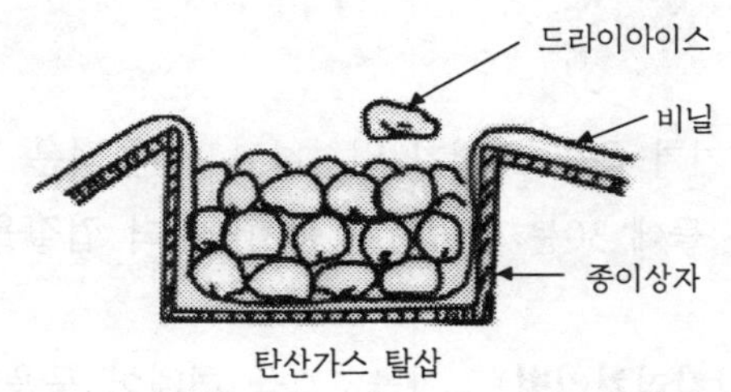

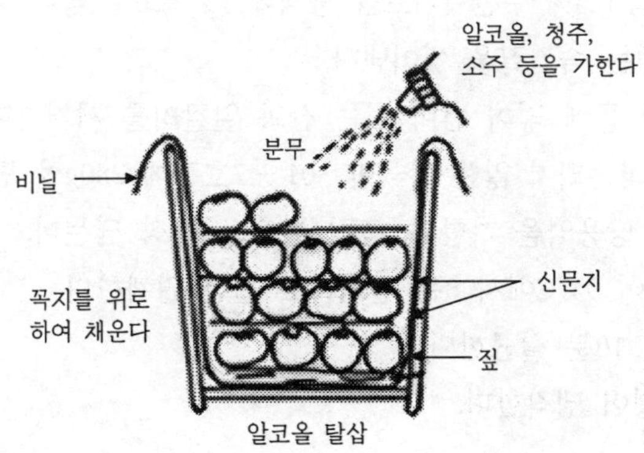

■ 그림 11.1　감의 탈삽 ■

제12장

과일 · 채소 통조림

1. 굴 통조림

재료 및 기구

굴 2kg, 설탕 200g, 1~0.5% 황산이나 염산 용액 2ℓ, 1~0.5% 수산화나트륨 용액 2ℓ, 냄비, 양동이(3~4ℓ), 301-7호관, 당도계, 오토클레이브 또는 레토르 트, 권체기

① **원료** : 신선하고 향기가 좋고 크기가 일정하고 씨가 적은 것이 좋다.

② **껍질 벗기기** : 끓는 물에 30분 넣었다가 꼭지쪽부터 껍질을 벗기고, 과육조각을 쪼개어 물에 넣는다

③ **속껍질 제거(산, 알칼리처리법)** : 과육조각을 꺼내어 물을 빼고 20~30°C의 0.7% 염산이나 황산 용액에 한 시간 정도 담가서 속껍질을 녹여 없애고 물로 씻고, 물을 빼고 30~35°C의 0.5% 수산화나트륨 용액에 15~20분 넣어 중화한다. 꺼내어 찬물에 넣고 남아 있는 속껍질을 씻어낸다.

④ **씻기** : 2~3시간 물에 넣어 남아 있는 산과 알칼리를 제거한다.

⑤ **선별 및 담기** : 파손되지 않은 과육만 301-7호관에 280g을 담고, 제품의 당농도가 17% 이상 되게 당용액을 가한다. 총량은 255g 이상 담는다.

⑥ **탈기** : 가권체하여 95°C에서 8분 탈기하고 완전 권체한다.

⑦ **살균** : 95°C에서 10분 살균한다.

⑧ **냉각** : 냉수에 넣어 냉각한다.

끓이기(30초)
껍질벗기기
알떼어내기

산처리
(30℃, 40～60분)
0.7% 염산
(과육의 2배량)
씻기
알칼리처리
(3～4분, 30～40℃)
0.5% 수산화나트륨용액
(과육의 2배)
씻기
(2～3시간)
철망
플라스틱 그릇
비닐호스가 철망밑으로
가야 한다
선별
L : 5호관에 40개
M : 5호관에 60개
S : 5호관에 80개
담기
시럽주입
탈기
권체, 살균
제품

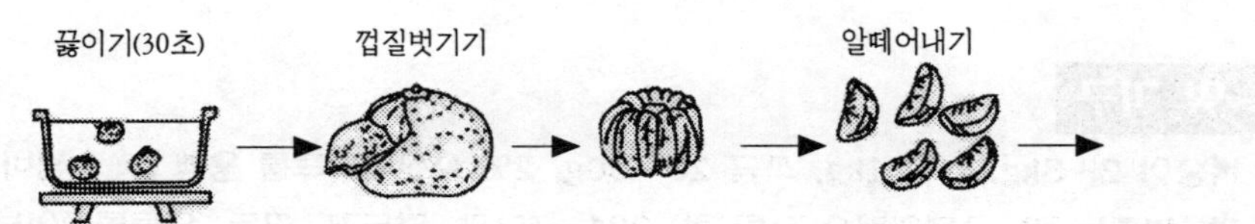

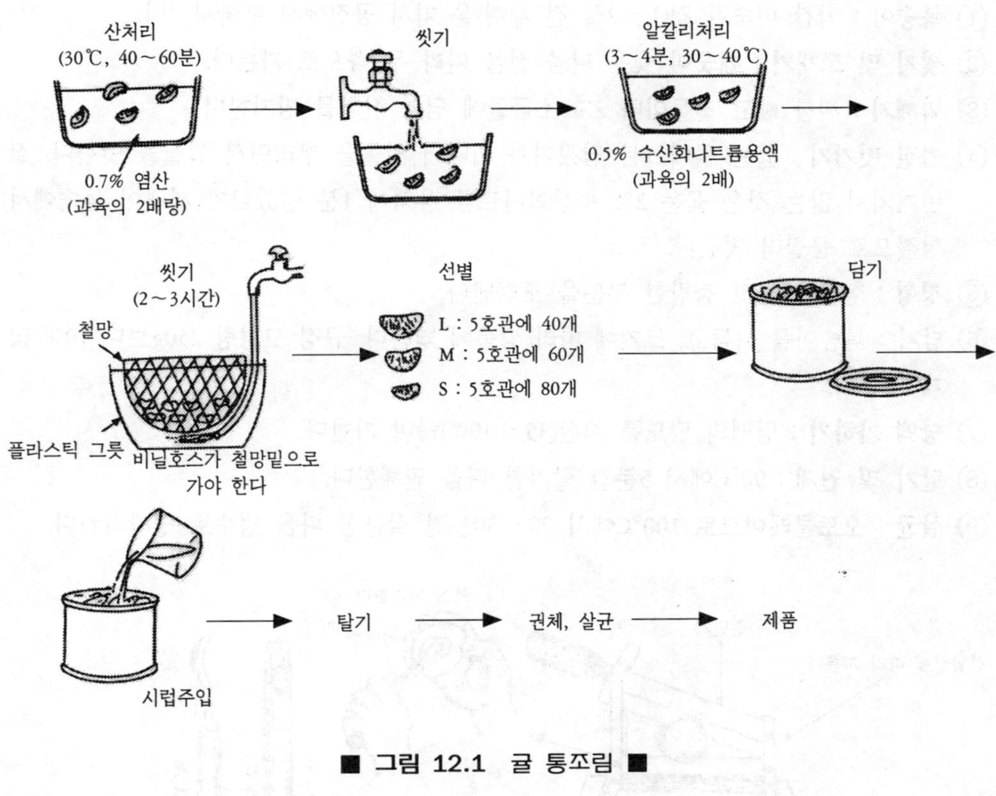

■ 그림 12.1 귤 통쪼림 ■

2. 복숭아 통조림

재료 및 기구

복숭아 2~3kg, 설탕 1kg, 소금 20~30g, 2% 수산화나트륨 용액 3ℓ, 냄비, 철망, 씨빼는 칼, 스테인레스 스틸 칼, 301-7호관, 당도계, 작두, 오토클레이브 또는 레토르트, 권체기

① **복숭아** : 약간 미숙한 것(1~2일 전 채취)을 따서 공장에서 후숙시킨다.

② **씻기 및 쪼개기** : 깨끗이 씻은 다음 선을 따라 두 쪽으로 가른다.

③ **씨빼기** : 씨를 빼고 찬물이나 2% 소금물에 담가 산화를 방지한다.

④ **껍질 벗기기** : 끓는 물에 1분 담갔다가 꺼내어 찬물을 뿌리면서 껍질을 벗긴다. 잘 벗겨지지 않는 것은 끓는 2% 수산화나트륨 용액에 1분 담갔다가 꺼내어 물속에서 헝겊으로 문질러 벗긴다.

⑤ **정형** : 형을 만들고 불량한 부분을 도려낸다.

⑥ **담기** : 복숭아를 다듬고, 크기에 따라 깡통에 넣는다. 규정 고형량 250g보다 10% 많게 담는다.

⑦ **당액 가하기** : 당액의 당도를 계산(35~40%)하여 가한다.

⑧ **탈기 및 권체** : 90°C에서 5분간 탈기한 다음 권체한다.

⑨ **살균** : 오토클레이브로 100°C에서 20~30분간 살균한 다음 냉수로 냉각시킨다.

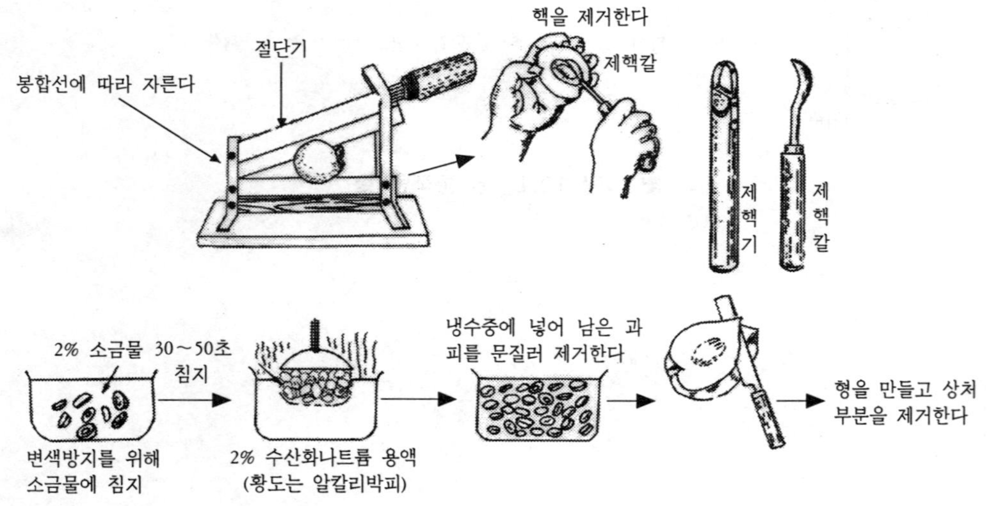

■ 그림 12.2 복숭아 통조림 ■

3. 깐포도 통조림

재료 및 기구

포도, 설탕, 포도당, 구연산, 비타민 C, 냄비, 당도계, 온도계(200°C), 통조림통 (301-7호관), 오토클레이브 또는 레토르트, 권체기.

① **포도** : 물로 잘 씻고 포도송이를 훑어서 알을 따 낸다.

② **껍질벗기기** : 물속에서 껍질을 벗긴다.

③ **씨빼기** : 포도알의 구멍이 난 곳에서 씨를 빼내고 물로 씻는다.

④ **담기** : 열처리하지 않고 담는다. 301-7호관은 250g 담는다.

⑤ **당액 가하기** : 당도를 계산하여 37% 이상의 설탕액을 넣는다. 설탕액에 구연산 0.02%, 비타민 C 0.05%를 섞어서 신선한 맛이 나게 해도 좋다.

⑥ **탈기** : 95°C에서 8분 가열하여 탈기한다.

⑦ **권체 및 살균** : 권체하여 100°C에서 15~20분간 살균하고 식힌다.

4. 밤 통조림

밤에는 탄닌이 들어 있기 때문에 철분과 결합하여 흑자색의 탄닌산철을 만들어 품질을 떨어뜨린다. 그러나, 삶을 때 pH를 4 이하로 하면 막을 수 있다. 그래서 염산, 구연산, 명반 등을 쓰게 되지만 반면에 잘 삶아지지 않고 단단하게 된다.

재료 및 기구

밤, 설탕, 냄비, 스테인레스 스틸 칼, 통조림통(301−7호관), 오토클레이브 또는 레토르트, 권체기.

① **껍질 벗기기** : 겉껍질을 칼로 벗기고, 10% 염산 용액에 1시간 담가두었다가 씻고, 끓는 3% 명반액에 넣어서 5분간 끓인다. 꺼내어 별도의 끓는 물에 넣고 하나씩 꺼내어 헝겊으로 속껍질을 벗긴다.

② **물에 담그기** : 하룻밤 물에 담그거나 0.1% 염산용액에 30분 담근 후 1시간 정도 물을 갈아주면서 씻어낸다.

③ **삶기** : 냄비에 넣고 삶는다.

④ **당액 묻히기** : 90℃의 30% 설탕액에 담가서 20∼30분간 조린 다음 하룻밤 놓아 둔다. 다음날 꺼내어 90℃에서 40% 당액에 하룻밤 담그고, 다시 다음날 50% 당액에 담근다.

⑤ **담기 및 살균** : 밤을 통조림통에 300g 넣고 끓는 55∼60%의 설탕액을 가한다.

⑥ **탈기 및 살균** : 301-7호관은 100℃에서 7분간 탈기하여 권체한 다음 100℃에서 1시간 살균하여 찬물에 넣어 냉각시킨다

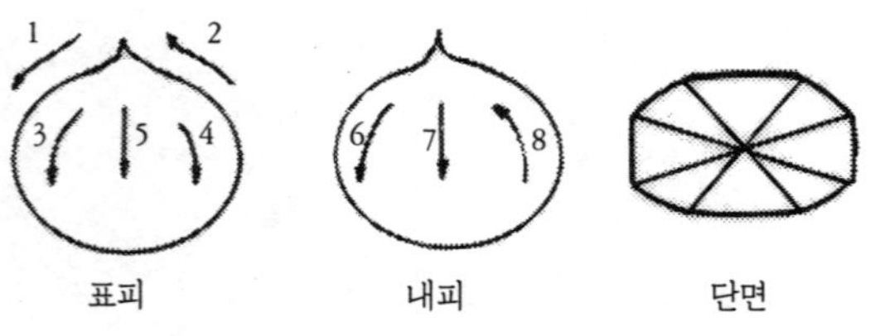

■ 그림 12.3 밤 껍질 벗기기 ■

5. 그린 피스 통조림

완두 통조림에는 green peas와 suger peas가 있다. 파란 색을 유지하기 위하여 황산구리를 사용하기도 하였으나 중독증을 일으키는 중금속이므로 사용하면 안 된다.

재료 및 기구

완두, 정제 소금, 솥, 통조림통(301-7호관), 오토클레이브 또는 레토르트, 권체기.

① **원료** : 알이 작고 둥글고, 깍지가 녹색이고 윤이 나며 알이 충실하고 수분이 많아 날로 먹으면 단맛이 나는 것이 좋다. 즉, 성숙도 70~80% 짜리가 좋다.

② **깍지 까기** : 손이나 기계로 깍지를 깐다.

③ **열처리** : 착색시키지 말고 삶아서 물로 씻는다.

④ **담기** : 301-7호관에 285g을 담고 끓는 2~3% 소금물을 가한다.

⑤ **탈기 및 살균** : 301-7호관은 90~95℃에서 7분간 탈기하여 권체한 다음 110℃에서 35~40분간 살균하고 찬물에 냉각시킨다.

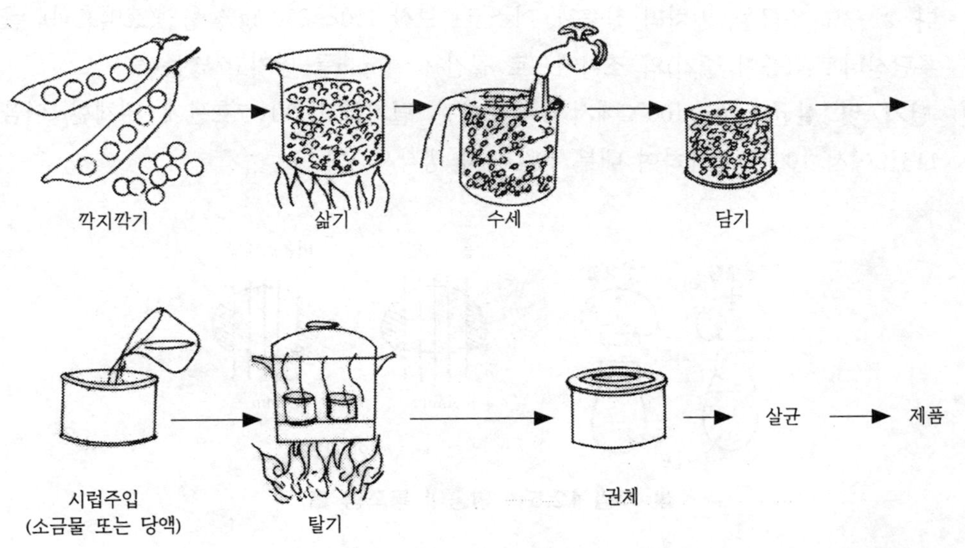

■ 그림 12.4   그린 피스 통조림■

6. 양송이 통조림

재료 및 기구

양송이(지름 20~40mm), 2~3% 소금물, 150~200mg% 아스코르브산, 글루탐
산나트륨, 아황산, 선별기, 오토클레이브 또는 레토르트, 권체기

① **원료** : 양송이는 산화 변색되기 쉬우므로 따서 3~5시간 내에 공장으로 운반해야 한
다. 24시간이 지난 것은 아황산염 0.1% 용액을 사용한다.

② **자루 절단** : 양송이의 각포와 자루를 잘라내고 버튼형이나 홀형으로 절단하여 품질
을 선별한다.

③ **씻기** : 물을 갈아주면서 15분간 물에 담갔다가 흙과 모래를 씻어낸다.

④ **데치기** : 뚜껑을 덮고 끓는 물에 5~10분 데치기하고 찬물로 식힌다.

⑤ **고르기** : 선별기로 우산 직경 35mm 이상은 E, 27.5~35.0mm는 L, 21.0~27.5mm는
M, 16.5~21.0mm는 S, 120~16.6mm는 T, 12.0mm이하는 m으로 선별한다.

⑥ **자르기** : 직경 35mm 이상은 2~4쪽으로 나눈다. 버튼 및 홀로 적합하지 않은 것은
3mm의 두께로 잘라 피이스 스템(piece and stem) 스타일로 한다.

⑦ **담기** : 크기에 따라 관에 넣는다. 살균하면 약간 축소되므로 10~15% 더 많이 담는
다. 2~3% 소금물, 열처리 침출액, 아스코르브산 150~250mg% 용액(표백효과), 글
루탐산나트륨(풍미 증가)의 조미액으로 공간 6~7mm를 남기고 넣는다.

⑧ **탈기 및 살균** : 90~100°C에서 5~20분간 탈기하고 301-7호관에 권체한 다음
113°C에서 100분 살균하여 내부 40°C까지 냉각시킨다.

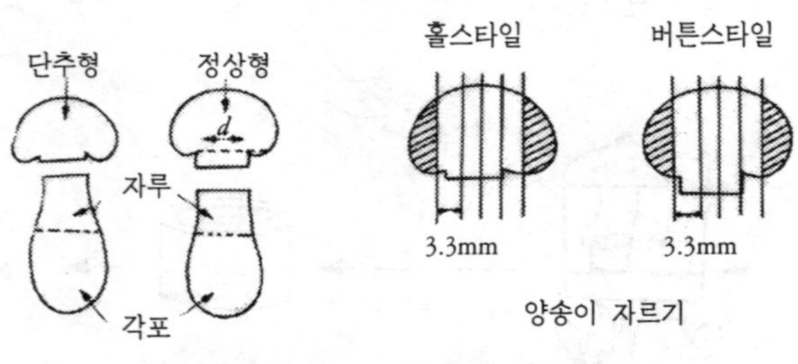

■ 그림 12.5 양송이 통조림 ■

7. 죽순 통조림

죽순, 냄비 또는 솥, 통조림통, 절단기, 칼, 오토클레이브 또는 레토르트, 권체기

① **원료** : 죽순은 육질이 두껍고 부드럽고, 방추형(20～25cm)이 좋다.

② **껍질 벗기기** : 죽순 뒤 끝 5～6cm 가량을 비스듬히 자르고, 칼로 뿌리 쪽에서 뒤 끝 쪽으로 일직선으로 금을 내어 껍질을 벗긴다.

③ **데치기** : 끓는 물에 40～70분간 데친 다음 식힌다.

④ **다듬기** : 속껍질을 대칼로 떼어내고, 뿌리 부분은 칼로 둥글게 다듬는다.

⑤ **담기** : 물을 갈면서 한 주 동안 물에 담가서 나쁜 성분을 빼내고 탁하게 되는 것을 방지한다.

⑥ **선별 및 담기** : 선별하여 301-7호관에 240g 담고 뜨거운 물을 붓는다.

⑦ **권체 및 살균** : 98℃에서 7분간 탈기하여 권체한 다음 100～110℃에서 1시간 살균 하였다가 식힌다.

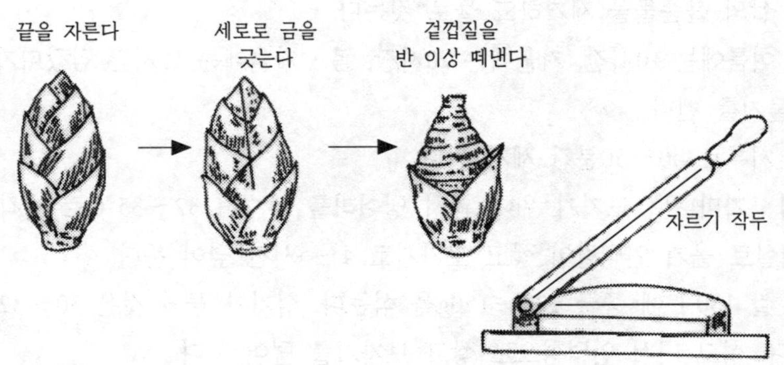

■ 그림 12.6 죽순 껍질 벗기기 ■

제13 장

코오지

코오지(麴, koji)는 곡류나 두류에 곰팡이(*Aspergillus* 속)를 번식시켜서 전분가수분해효소(amylase), 단백질 가수분해효소(protease) 등이 많이 생성된 것이다. 코오지 균은 호기성균이므로 산소를 필요로 한다.

재료 및 기구

쌀. 보리. 밀. 콩, 종균(*Aspergillus oryzae*), 코오지실 또는 항온기, 상자, 통, 온도계

① **수세** : 쌀의 불순물을 제거하고 물로 씻는다.

② **침지** : 여름에는 10시간, 겨울에는 20시간, 봄·가을에는 15시간 담갔다가 소쿠리에 건져 물기를 뺀다.

③ **찌기** : 시루로 40~50분간 세게 찐다.

④ **재우기** : 가마니나 보자기 위에 펴서 덩어리를 부수며 32~35°C로 냉각시킨 다음 코오지실로 옮겨 언덕같이 쌓고 보자기로 4~5시간 덮어 둔다.

⑤ **섞기** : 쌀 180 ℓ에 종국 120~150g을 섞는다. 섞기가 끝난 것은 30~32°C가 되어야 한다. 섞고 나서 언덕형으로 쌓고 보자기를 덮어 둔다.

⑥ **뒤집기** : 13~14시간 째에 품온은 33~35°C가 되어야 한다. 덩어리를 부수고 뒤집어 준다. 뒤집기 후의 품온은 31~33°C가 되어야 한다.

⑦ **담기** : 뒤집기 3~5시간 후 흰 균사가 뻗기 시작하여 흰 반점이 나타나고 품온이 33~35°C로 올라간다. 손으로 헤쳐서 덩어리를 부순 다음 코오지 상자 중앙에 1.5~1.8°C씩 담는다. 상자는 6~7개 서로 엇갈려 쌓고 그 위에 같은 수의 빈 상자를 쌓아 둔다. 품온은 31~32°C가 좋다.

⑧ **첫번째 헤치기** : 담아서 5~6시간 지나면 쌀알에 균사가 4~5분(分)정도 발육하고 품온이 36~38°C로 올라가므로 헤쳐서 상자를 위아래로 바꿔 쌓는다.

⑨ **두번째 헤치기** : 첫 번 헤치기 후 5∼8 시간 지나면 균이 7∼8푼 정도 번식하여 쌀 알이 약간 덩어리지고 단맛을 내고, 품온은 37∼39°C로 올라 간다. 먼저와 같이 헤 치고 다시 상자를 바꿔 쌓는다. 품온은 34∼36°C이다.

⑩ **바꿔쌓기** : 두 번째 헤치기 후 3∼4시간 지나면 균사가 많이 퍼져서 엉켜 있다. 품 온은 40°C 정도이므로 위아래 상자를 바꿔 쌓아 품온을 일정하게 하고 필요하면 코 오지실의 천정을 열어 실온을 조절한다.

⑪ **출국** : 균사가 완전히 발육하면 품온이 내려가기 시작하며 포자가 형성되어 일부 누 런 빛을 띄우기 시작하면 건조한다.

⑫ **품질** : 쌀알 안까지 균사가 뻗어 있고 효소활성이 높은 것이 좋다. 콩 코오지는 장류 제조에 사용한다.

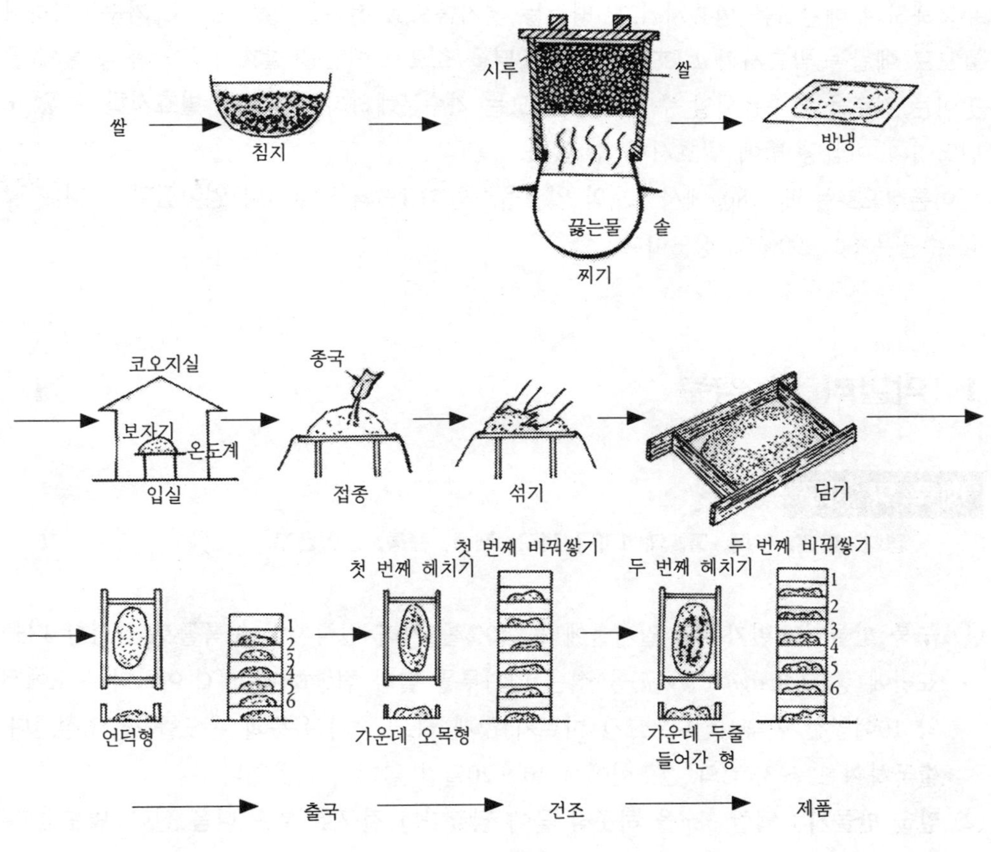

■ **그림 13.1 코오지** ■

제14장

주 류

막걸리, 청주, 동동주 등은 주로 전분질 원료를 곰팡이의 아밀라아제로 포도당으로 가수분해하여 에탄올을 발효시키고, 맥주는 엿기름으로 전분을 말토오스로 가수분해하여 효모로 에탄올 발효시키고, 포도주는 포도당을 효모로 에탄올 발효시킨다. 누룩 등의 곰팡이는 전분을 가수분해할 수 있지만 효모는 가수분해하지 못하므로 발효시킬 수 없다. 단당이나 이삼당 밖에 발효시킬 수 없다.

이론상으로는 당 180g에서 92g의 알코올, 즉 51.1%의 알코올이 얻어진다. 그러나 발효 수율은 80~90%의 정도이다.

1. 막걸리 및 약주

재료 및 기구

멥쌀, 찹쌀, 누룩, 물, 쌀미기나 절구, 찜통, 큰통, 온합용구

① **누룩 만들기** : 밀가루나 밀기울에 물 40%를 가해 반죽하여 누룩틀로 성형한 다음 표면에 종국(*Aspergilus oryzae*)을 섞은 밀가루를 발라 접종하여 40℃ 이하의 온도에서 약 10여일간 발육시킨다. 그간 마르지 않게 하고 공기 유통과 온도를 잘 조절한다. 출국하여 33~33℃의 건조실에서 10~20일간 말려서 사용한다.

② **밑술 만들기** : 멥쌀 3kg을 하룻밤 물에 담갔다가 절구로 부순 다음 찐다. 별도로 누룩을 부수어 물 1.7 ℓ 에 풀어서, 식힌 찐 쌀가루와 섞어 담근다. 온도는 10~15℃가 좋다. 담뇨나 가마니를 덮어두면 1주일 지나면 품온이 27~28℃ 되었다가 떨어지며, 다시 1주일쯤 지나면 완전히 숙성되어 밑술이 된다.

③ **덧술** : 찹쌀 10kg을 물에 담갔다가 쪄서 식힌 다음, 밑술과 물 6.7 ℓ 를 섞어서 독에 담가 숙성시킨다. 누룩을 약간 섞어도 좋다. 담금 온도는 15∼25℃가 좋다. 4∼5일 지나면 30℃ 정도가 되었다가 온도가 내려가며, 8∼14일이 지나면 숙성된다.

④ **술뜨기** : 용수를 박아 투명한 약주를 떠낸다.

⑤ **찌꺼기의 처리** : 물을 부어 섞고, 베로 짜낸 것은 탁주로 한다.

⑥ **제품** : 신맛이 약간 강하고 특수한 향기가 나며 투명한 담황색이 좋다. 보통 20℃ 이하에서 저장하면 후숙되어 풍미가 좋아진다

2. 포도주

포도주는 포도의 껍질에 붙어 있는 야생효모가 과즙 중의 당분을 발효시켜 알코올을 만든 것이다. 원료포도의 종류에 따라 적포도주와 백포도주로 나누는데 적포도주는 적포도를, 백포도주는 청포도를 원료로 하며 제조법에도 차이가 있다. 공업적으로는 포도주 효모 *Saccharomyces ellipsoideus*를 순수배양하여 사용한다.

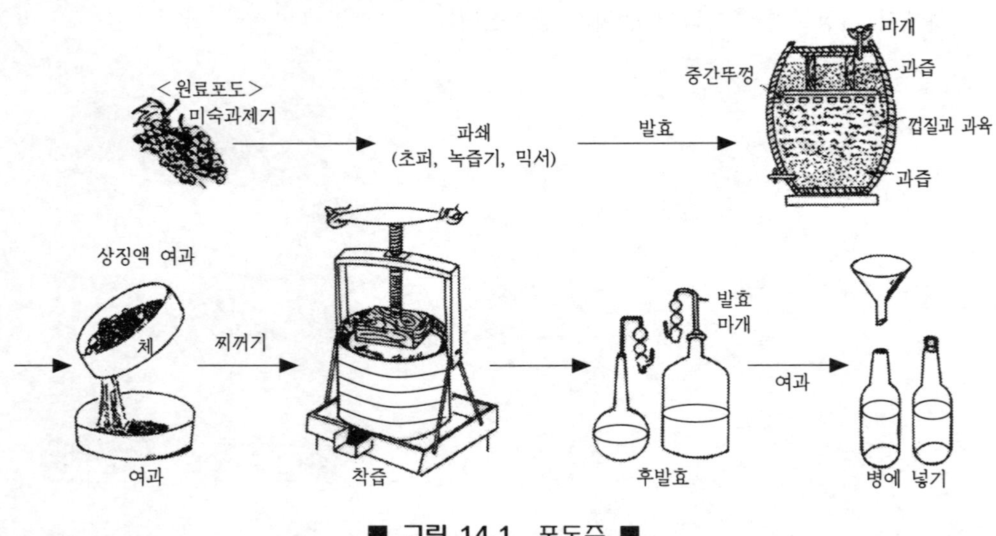

■ 그림 14.1 포도주 ■

❶ 백포도주

주로 청포도를 원료로 하여 포도를 압착하여 과즙만 발효시킨다.

재료 및 기구

포도, 설탕, 배양효모, 굴절당도계, 발효마개, 발효통, 마쇄기, 압착기

① **원료** : 당이 많고 산미가 적은 것이 좋다.

② **과즙** : 꼭지를 따고 포도파쇄기로 파쇄하고, 압착하여 포도즙을 만든다. 수율은 포도의 75~85% 정도이다.

③ **과즙의 조정** : 제품의 알코올 함량이 10% 이상 될 수 있도록 당분을 조정한다. 과즙은 20% 이상의 당분과 0.4~0.9%의 산을 갖는다.

당도 a%의 포도즙 Wag을 b% 당도로 만들기 위하여 포도과즙에 가해야 할 설탕의

중량을 Wsg, 만들어진 과즙의 량을 Wg이라 하면 식은 다음과 같다.

$$W = Wa + Ws$$

$$Wa \times a + Ws \times 100 = Wb = (Wa + Ws)b$$

$$Ws \times 100 - Ws \times b = Wa \times b - Wa \times a$$

$$\therefore \ Ws = \frac{Wa(b-a)}{100-b}$$

④ **주발효** : 아황산으로 발효통을 살균한다. 아황산은 환원력으로 잡균의 번식을 방지하고 효모의 번식을 촉진한다. 과즙을 발효통에 옮겨서 자연 발효시키거나, 효모를 증식시킨 밑술(starter)을 과즙의 2~3% 넣고, 공기를 통하게 하여 34°C 이하에서 발효시킨다. 발효통은 뚜껑을 덮는다.

⑤ **후발효 및 찌꺼기 빼기** : 15°C의 발효실에서 1~2개월 후 발효시킨 후 다른 통으로 옮겨서 바닥의 앙금을 제거한다. 그리고 2~3개월 지난 후에 앙금빼기를 다시 한다. 순수배양한 효모를 사용하면 두번째 옮겨담기 만으로 맑은 포도주를 얻을 수 있다.

⑥ **저장** : 저장용기에 채워서 저장한다. 1년 이상 저장하며, 오래 저장할수록 품질이 좋아진다.

⑦ **제품** : 알코올 성분이 많고 산이 적고, 담황색의 순한 맛이 나는 것이 좋다.

❷ 적포도주

파쇄한 포도를 짜지 않고 그대로 발효시켜 껍질의 색소가 녹아 나도록 하여 만든다. 원료를 처리하여 담글 때까지의 조작은 대체로 백포도주와 같다.

① **주발효** : 15~17°C 되는 곳에서 10일 정도 발효시킨다. 이산화탄소가 발생하여 껍질과 과육이 액의 표면에 뜨고 초산균과 산막효모가 발생하기 시작하여 이산화탄소의 발생량이 많아지고 온도가 올라간다. 밀폐 발효법과 개방 발효법이 있다.

② **압착** : 가라앉은 껍질과 효모는 분해되어 향기가 나빠지므로 발효액을 다른 용기에 옮기고 찌꺼기를 압착기로 짜서 분리한다.

③ **후발효** : 뚜껑을 닫고서 10~15°C의 발효실에서 2~3개월간 후발효시킨다. 앙금빼기는 1~2개월에 한번씩 한다. 횟수는 백포도주보다 적어도 좋다.

④ **숙성** : 숙성은 백포도주보다 빠르므로 저장기간은 약간 짧아도 된다.

⑤ **제품** : 알코올 성분이 많고 산이 적고 포도 향기를 내고, 진한 홍색으로 떫은맛이 있는 것이 좋다. 원료 3.7kg으로 1.8~2ℓ의 포도주를 만들 수 있다. 찌꺼기는 물과 설탕을 넣어 발효시킨 뒤 증류하여 브랜디를 만든다.

3. 알코올 정량

재료 및 기구

시료(포도주), 메스플라스크(1 ℓ 들이), 메스실린더, 증류플라스크, 냉각관, 주정계
(0~30%)

① **시료** : 메스플라스크로 포도주 100ml를 취하여 증류플라스크(300~500㎖ 짜리)에
넣는다.

② **증류** : 냉각관을 증류장치에 붙이고 증류하여 메스플라스크에 70㎖(20분 정도)를 받
아서 증류를 마친다.

③ **희석** : 증류수를 가해 100㎖로 만든 다음 흔들어 섞고 실린더에 옮긴다.

④ **주정측정** : 15°C로 식혀서 주정계로 알코올함량(용량 %)을 잰다. 15°C에서 주정계로
잴 수 없을 때에는 온도 보정표를 사용하여 보정을 한다.

⑤ **계산** : 알코올의 부피 %를 중량 %로 환산하려면 다음 식을 이용한다.

$$\text{알코올 함량(중량 \%)} = \frac{V \times s}{p}$$

V : 알코올의 용량 %

s : 15°C에서의 순 알코올의 비중(0.794)

p : 증류액의 비중

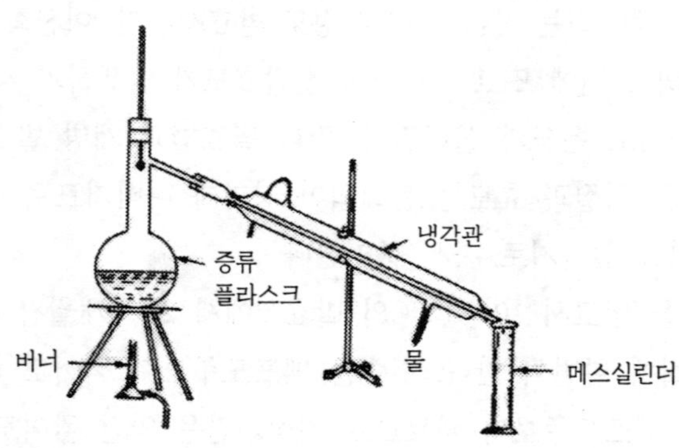

■ 그림 14.2 알코올 증류장치 ■

제 15 장

김치류

1. 배추김치

재료 및 기구

배추 12통, 무우 14개, 당근 3개, 미나리 2단, 청각 5줄기, 파 7뿌리, 생강 2뿌리, 젓갈류(새우젓 혹은 멸치젓) 1ℓ, 배 2개, 갓 2단, 고추가루 400g, 실고추 약간, 소금 1ℓ, 마늘 5통, 굴 300g, 밤 6개, 조미료 약간, 항아리 1개, 절임통 2개, 큰그릇 1개, 소쿠리 1개

① **원료** : 배추의 떡잎을 제거하고 다듬어서 두 쪽으로 쪼갠다. 무우와 다른 원료도 깨끗이 씻어서 손질해 놓는다.

② **절이기** : 배추를 소금물(5∼7%)에 담근 다음 11∼20시간 정도 절인다. 오래 절이면 아삭아삭한 맛이 없어지고 질겨진다.

③ **씻기** : 물로 씻고 물을 뺀다.

④ **속만들기** : 무우, 배, 밤, 당근은 채로 썰고, 미나리, 갓, 파는 3cm 정도 길이로 썬다. 생강, 마늘은 곱게 다진다. 먼저 채친 무우에 고추가루를 섞은 다음 나머지 재료를 함께 섞고 소금, 젓갈, 조미료 등을 넣어 섞는다.

⑤ **속넣기** : 배추잎을 하나하나 벌려서 속을 넣고 겉잎으로 한자락 돌려서 배추속이 삐지지 않게 한다. 무우는 3cm 정도로 썰어서 소금, 고추가루 등 여러 양념을 버무려 둔다.

⑥ **담기** : 독에 담을 때는 무거운 돌을 얹고 비닐같은 것으로 항아리를 꼭 싸서 공기 접촉을 막아준다.

⑦ **숙성 및 저장** : 5℃ 정도에서 10일간 지나면 추워져도 숙성에는 지장이 없다. 공기 접촉이 많으면 맛이 나빠지고 부패가 빨라진다.

2. 단무지

단무지는 일본을 대표하는 식품으로, 한국의 김치와 같은 존재이다. 단무지는 무에 양념조미를 하여 발효시키지만 한국에서는 가을철 쌀 때 진한 소금에 절여서 일년 내내 저장하면서 필요할 때 꺼내어 소금기 빼고 빙초산(화학제품)과 사카린산나트륨(감미료, 발암물질로 알려져 있음), 방부제(벤조산 나트륨) 용액에 절인 위험한 싸구려 밖에 없다.

여기서는 발효식을 살펴본다. 학생들은 위험한 시판품을 사 먹지 말고 이 방법대로 집에서 담가 먹는 것이 좋다.

11개월 말에서 12개월 초순까지 생산되는 무를 담그는 일반제법과 연중 담그는 속성 제법이 있다. 9~10월경에 생산되는 무는 기온이 높아 바람들기 쉬우므로 건조시키지 않고 소금물에 절였다가 고운 쌀겨와 같이 발효시켜야 한다.

속성법은 건조시키지 않은 무에 소금을 넣고 눌러 절이고 나서 담기를 하는 것으로서 소금의 사용량을 적게 하고 감미료로 단맛을 낸다.

재료 및 기구

무 20kg(약 20개), 소금 600g, 설탕 200g, 다시마 20~25g, 귤껍질 말린 것(진피) 100~150g, 고춧가루 5~10g, 감초가루 20g(소금은 단무지 조직을 단단하게 할 수 있는 $MgCl_2$, $CaSO_4$ 등이 많은 천일염이 좋다).

① **원료** : 가늘고 긴 연마종이나 궁중종이 좋다.

② **씻기** : 씻는다.

③ **건조** : 잎이 달린 채 5~6개씩 다발로 하여 건조시키거나, 잎을 자르고 엮어서 건조한다. 1~2개월경에 먹는 것은 5~7일, 3~5월경에 먹는 것은 10일, 6~7월경에 먹는 것은 10~13일, 7월 이후 먹는 것은 15일 정도 건조한다. 잎은 잘라서 시레기로 한다.

④ **담기** : 바닥에 소금을 뿌리고 부원료(쌀겨, 소금, 감초 등)를 깔고 무 사이가 뜨지 않도록 차곡차곡 깔고 부원료를 한층 깐다. 이 조작을 반복하여 용기보다 10~15cm 높아지면 소금을 뿌리고 뚜껑을 덮어 돌로 눌러 둔다.

⑤ **숙성** : 7~10일이 지나 액즙이 나오고 무가 밑으로 가라앉으면 돌을 내려 조미액이 무 속에 스며들게 하고 다시 돌을 얹어 둔다. 저장 장소는 온도의 변화가 적은 곳이 좋다. 담근 후 1.5~2개월이면 단무지의 특유한 맛이 난다. 저장 장소는 온도의 변화가 적은 곳이 좋다.

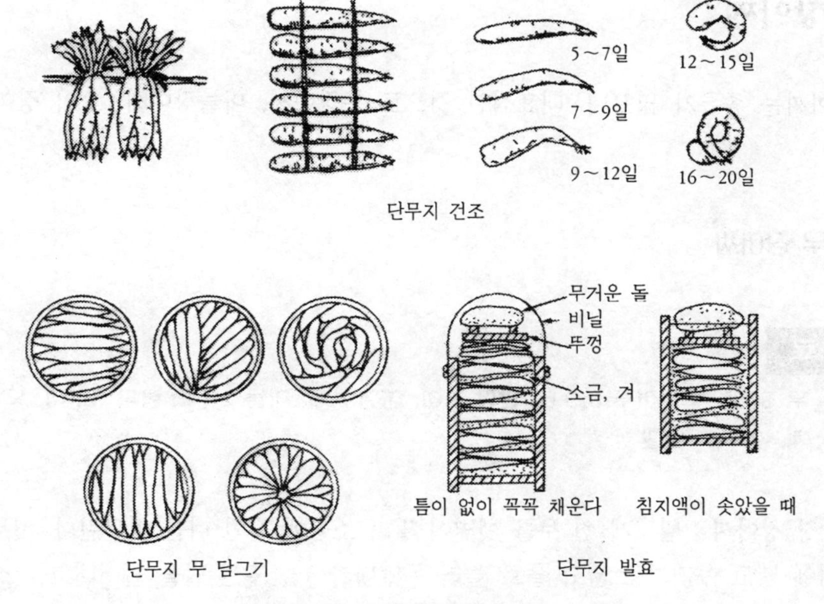

■ 그림 15.1 단무지 ■

3. 동치미

재료 및 기구

무 10개, 소금 180㎖, 쪽파 1/10단

① **원료** : 무의 꼬리, 머리, 잔털을 다듬고, 직사각형으로 자른다. 알타리무는 그대로 사용한다.

② **담기** : 그릇에 무를 넣고 소금을 뿌린다. 2~3일 후 물 3.6 ℓ 와 풋고추 180㎖, 쪽파 1/10단을 넣는다.

③ **숙성 및 저장** : 찬데서는 담근 후 15~20일이 지나면 숙성되므로 냉장고에 저장한다.

4. 장아찌

장아찌는 종류가 많으나, 대표적인 것으로 무장아찌, 마늘장아찌, 오이 장아찌 등이 있다.

❶ 무 장아찌

무 50개, 고추가루 0.9 ℓ, 간장 3.6l, 생강 4개, 마늘 20개, 통파 5뿌리, 오이 10개, 실고추 약간

① **간장 장아찌** : 알맞게 썬 무를 햇볕에 말려 소금에 절인 다음 버무린다. 버무린 것을 독에 넣고 우거지로 덮고 돌로 눌러 두었다가 3일 후면 돌을 들어내고 간장을 부은 다음 봉해 두면 3~4개월 지나서 완전히 익게 된다.

② **된장 장아찌** : 된장에 박았다가 숙성되면 먹는다.

❷ 마늘장아찌

하지 전에 캔 마늘이 좋다. 담가서 1개월이 지나야 맛이 드는데 흰색으로 담그려면 식초와 소금과 설탕으로 담가야 하고 소금 대신 간장을 쓰면 빛깔이 검게 된다.

마늘을 까서 10% 식초에 담가서 15일 가량 두었다가 식초를 따라내고 설탕을 10% 가량 버무려 놓는다. 3일 지난 후에 마늘이 잠길 정도로 진간장을 붓는다.

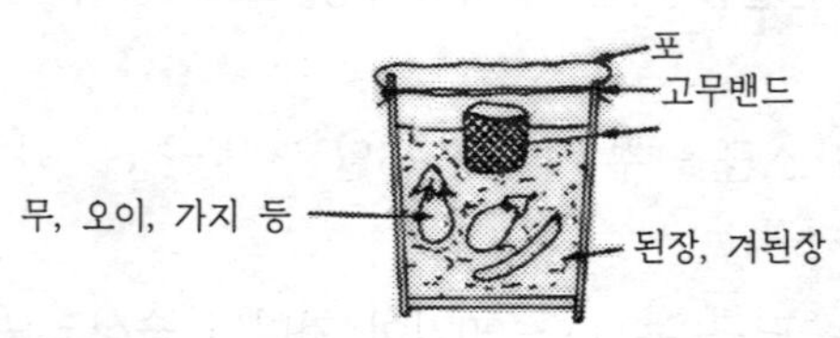

■ 그림 15.2   장아찌 담그기 ■

5. 오이 피클

재료 및 기구

오이, 보메 10도의 소금물, 보메 비중계, 칭량컵, 식초, 설탕, 향신료, 병

① **얼절이기** : 오이를 씻어서 그릇에 담고 보메 10~11℃의 소금물을 붓고 뚜껑으로 눌러 뜨지 않게 한다.

② **소금절이기** : 일주일 동안 매일 소금물의 비중을 측정하여 소금을 가하여 보메 10~11도로 조절한다. 그 후는 1주일에 한 번씩 소금물의 농도를 조절하며 6~8주간 놓아둔다. 산막효모가 생기면 떠낸다.

③ **식초에 절이기** : 물에 담가 소금기를 빼고 3% 식초 용액에 3~5일간 담갔다가 5% 식초 용액에 3~5일간 담근다. 이 조작을 한 번 더 하면 더 좋다.

④ **병에 담기** : 절이기가 끝나면 살균한 병에 넣고, 5% 식초 용액을 끓여서 식혀 넣고 밀봉한다.

⑤ **살균** : 60~70℃에서 10~15분간 살균하여 병조림하거나 향신료와 설탕을 식초 용액에 녹여서 7일간 담가 맛을 들인 후 5% 식초로 병조림한다.

제16장

식 초

초산 발효는 다음과 같은 알코올의 산화반응으로, 초산균이 발효시킨다.

$$C_2H_5OH + O \rightarrow CH_3COOH + H_2O$$

이론상으로는 46g의 알코올에서 60g의 초산이 생기지만 실제로는 1 : 1 정도 생긴다. 알코올과 종초를 가하여 1개월간 발효시키면 탱크 속의 균이 작용하여 신맛이 생긴다. 초산균은 온도에 예민하여 너무 따뜻하면 약해지고 조금 냉각하면 활동을 정지한다. 활동이 활발할 때는 탱크 표면에 얇은 인조견과 같은 막을 친다.

공장의 발효실에서는 수십 개의 탱크가 하루에 수만 칼로리의 열을 방출하므로 발효실의 온도, 습도 조절에 주의를 기울여야 한다.

1. 술식초(양조식초)

재료 및 기구

양조주(포도주, 막걸리, 약주, 청주, 동동주), 순수 배양 초산균, 솜마개 플라스크(1 ℓ, 발효원액을 넣는다), 알루미늄박, 메스실린더(100㎖), 팔때기, 살균용기

① **초산균 배양액** : 포도당 45g, 고기엑기스 15g, 펩톤 15g을 물 1500㎖에 녹여서 플라스크에 50㎖씩 넣고 가압(1.2kg 30분간) 살균한다. 마이크로 스푼으로 침강 $CaCO_3$를 두 수저 넣고 알코올 1.6㎖를 넣는다. 별도로 건열살균한 솜마개 시험관에도 10㎖씩 주입하고 침강 $CaCO_3$을 한 스푼 넣는다.

초산균(*Acetobacter aceticbeijeruick*)을 시험관에 한 눈금 접종한다. 30℃의 항온기에서 3～4일간 배양하여 사용한다. 공기가 많이 필요하므로 평평한 용기로 배양한다.

② **발효 원액** : 양조주를 알코올 6%로 조절하여 300ml를 만든다. 알코올 농도 12%인 술 $x$ml로 6%의 용액 300㎖를 만들려면

$$x \times 12/100 = 300 \times 6/100$$

$\therefore$ x=150㎖로서 150㎖ 포도주에 150㎖ 물을 가하여 희석하면 된다.

③ **살균** : 160°C에서 40분 건열 살균한 1 ℓ 의 솜마개한 삼각 플라스크에 원액을 가하고 솜마개를 알루미늄박으로 싸서 60°C에서 20분간 살균한다.

④ **발효 및 여과** : 식힌 후 초산균 배양액 30ml를 가하여 30°C에서 1개월간 발효시킨다.

⑤ **여과** : 규조토를 한 수저 정도 가하여 여과한다.

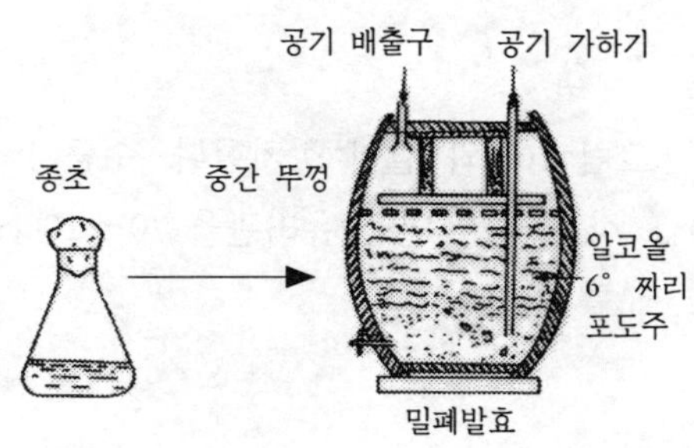

■ **그림 16.1**　식초 담기 ■

2. 산 정량

총산과 휘발산을 정량하여 아세트산(초산)의 비율을 분석한다. 휘발산은 증류법으로 정량한다. 휘발산은 개미산에서 카프르산 정도까지이다.

재료 및 기구

둥근바닥 플라스크(2리터, 20㎖), 비등석, 리비히 냉각관, 삼각 플라스크(500㎖), 유리관(안지름 6mm, 길이 70~100cm) 철제 스탠드, 피펫(5, 25㎖), 삼각 플라스크(100㎖), 메스실린더(20~100㎖), 뷰렛, N/10 NaOH, 페놀프탈레인 용액

❶ 휘발산 정량법

① **수증기 증류 장치** : 그림 16.2와 같이 장치한다. 수증기 발생장치(2 ℓ 플라스크)에 물을 1,300~1,400㎖ 정도 넣고 안전 유리관을 70~100cm 정도 붙인다. 증류 플라스크에는 과실초 25㎖를 가한다.

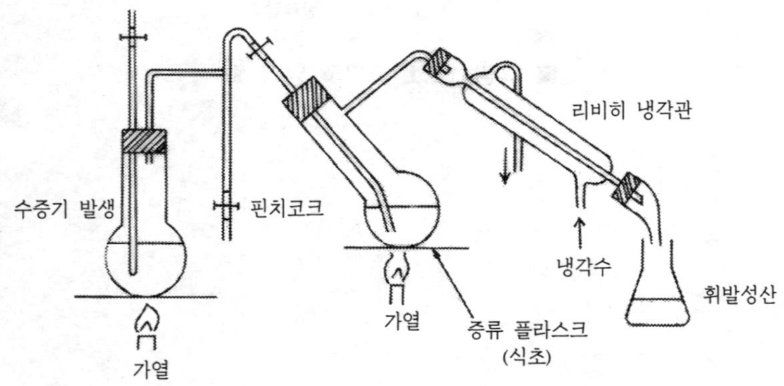

■ 그림 16.2   수증기 증류 장치에 의한 휘발성산 정량 ■

② **수증기 증류** : 가열하여 수증기를 발생시킨다.

③ **증류의 완료** : 수기(500㎖들이 삼각플라스크)에 약 300㎖ 받았을 때 완료한다.

④ **적정** : 받은액 300㎖에 페놀프탈레인 용액 2~3 방울을 떨어뜨려 N/10 NaOH로 적정한다.

❷ 총산정량

① **총산** : 과실초 2㎖를 취해 증류수 20㎖를 가하고 페놀프탈레인을 넣고 N/10 NaOH 로 적정한다.

② **휘발산양** : 휘발산량은 받은 액 300㎖에 대한 N/10 NaOH의 적정값에 아세트산의 계수를 곱하여 4곱하면 휘발산량(%)으로 산출된다. 총산량은 아세트산으로 산출한 다. 불휘발산은 총산(total acid)에서 휘발산을 뺀 값이다.

제17장

장 류

1. 간 장

메주로 만드는 재래식 코오지를 만들어 담그는 개량식, 염산으로 가수분해하여 만드는 방법이 있다. 여기서는 코오지를 사용하는 개량식 간장을 살펴본다.

재료 및 기구

콩, 밀, 소금, 코오지실, 코오지상자, 솥, 시루, 초퍼 또는 녹즙기, 황(또는 포르말린), 독(또는 기타 용기). 황국균(*Aspergillus oryzae*)

① **코오지실** : 황을 태우거나 포르말린으로 살균하고, 환기한 후 26~27°C로 조절한다.

② **씻기** : 밀을 씻어서 물을 빼고 짙은 갈색으로 볶은 다음, 맷돌로 거칠게 부순다. 원료콩은 씻어서 봄, 가을에는 12~15시간, 겨울에는 20시간, 여름에는 6시간 담갔다가 콩의 1.5배의 물을 넣고 4~5시간 삶던가 찐다.

③ **섞기** : 삶은 콩을 얇게 널어 40°C로 식힌 다음 원료콩 180 ℓ 에 110~150g의 종국을 섞는다. 밀은 원료콩의 40~70%를 가한다.

④ **마쇄 및 가락만들기** : 섞은 것을 초퍼나 녹즙기로 가락으로 뽑는다.

⑤ **담기 및 바꿔쌓기** : 코오지 상자에 펴서 곰팡이를 배양시킨다. 22~23시간 지나 품온이 36~38°C로 올라가면 상자를 위 아래로 바꿔쌓고, 그 후 7~8시간이 지나 품온이 상승하면 다시 바꿔 쌓는다. 품온이 38°C 이상으로 올라가면 납두균이 번식하므로 조심한다.

⑥ **출국** : 두번째 바꿔쌓기 후 12~14시간이 지나 포자가 전체로 덮이면 출국한다(이상 코오지 제조 참조).

⑦ **간장 담그기** : 보통간장은 코오지 18 ℓ , 물 127 ℓ , 소금 33 ℓ 의 비율로 담근다.

⑧ **숙성 및 압착** : 가끔 저어주고, 숙성이 끝나면 체로 걸러서 간장액을 낸다.

⑨ **달이기** : 거른 생간장을 하루 방치하여 위에 뜬 기름을 제거하고, 솥에 넣어 70℃에서 20분간 살균한다. 위에 뜨는 것은 걷어내고, 3～4일간 방치하여 가라앉은 찌꺼기를 제거한다.

⑩ **제품** : 좋은 간장은 가공할 필요 없지만 감미료로 물엿, 감초, 추출물, 사탕류, 향미료로 빙초산, 소주, 주정을, 지미료로 아미노산액을, 착색료로 캐러멜을 사용하기도 한다.

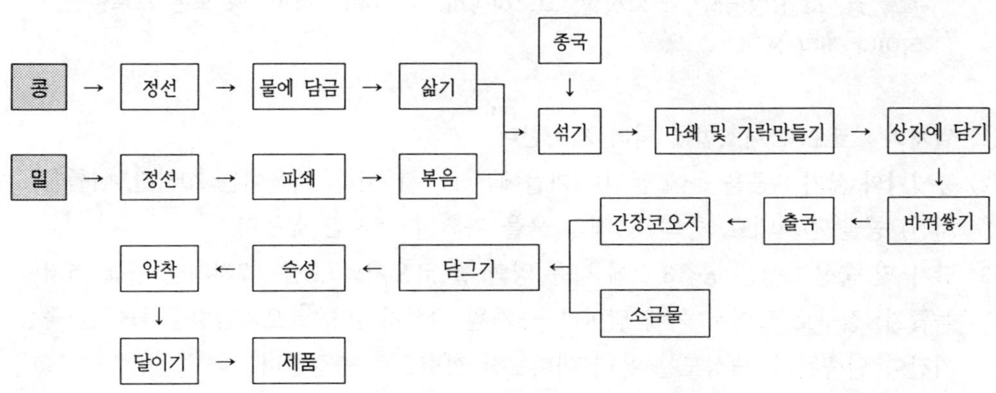

■ 그림 17.1 간장 ■

2. 된 장

재래식 된장은 간장을 뜨고 난 것을 이용하였으나 요즈음은 간장과 된장을 별도로 만든다. 된장은 원료에 따라 쌀된장, 보리된장, 콩된장 등의 종류로 구분한다. 여기에서는 쌀된장을 살펴본다.

재료 및 기구

쌀 , 콩, 소금(상등품), 코오지실, 코오지상자, 솥, 시루, 쵸퍼, 왕 또는 포르말린, 독이나 기타 용기

① **쌀처리** : 코오지 제조법에 따라 제조한다.
② **콩씻기와 삶기** : 콩을 물에 불린다(가을에는 12 ~ 15시간, 겨울에는 20시간, 여름은 6시간) 콩을 건져내고, 콩의 1.5배의 물을 가해 4 ~ 5시간 삶는다.
③ **담기 및 숙성** : 삶은 콩 18 ℓ 에 같은 양의 쌀 코오지와 소금 7.2리터를 가해 쵸퍼나 녹즙기, 절구로 갈아서 독에 담아 1 ~ 3개월 숙성시킨다. 코오지함량을 늘이면 숙성기간이 단축된다. 숙성도는 유리 아미노산 함량으로 측정한다.
④ **제품** : 된장은 종류에 따라 특유한 맛, 빛깔 및 향기를 가지며, 신맛이 나지 않는 것이 좋다.

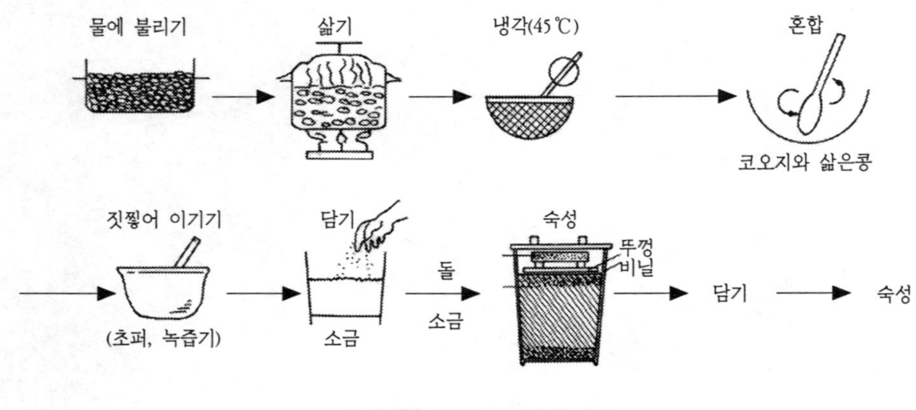

■ 그림 17.2　된장 ■

3. 고추장

　시판 고추장은 메주 대신 글루탐산나트륨을 잔뜩 가해 구수한 맛을 내려 하므로 전통 고추장이 아니다. 글루탐산나트륨은 화학조미료이므로 좋지 않다.

전분질 원료(멥쌀, 찹쌀, 보리, 밀, 고구마, 옥수수, 감자 전분), 엿기름 가루(가루로 분쇄하여 껍질 부분은 제거한 것), 메주 코오지 가루, 고춧가루, 이중솥

① **원료** : 전분질 원료 2kg을 물에 5시간 정도 담갔다가 물을 빼고 분쇄기나 맷돌로 분쇄한다.
② **호화** : 이 가루에 2~3배 가량의 물을 부어 교반하면서 가열하여 호화시킨다.
③ **엿기름 섞기** : 70℃로 식으면 엿기름 가루 500g을 가하여 섞은 다음 60℃에서 5시간 당화시킨다.
④ **숙성** : 고춧가루 500g과 소금 500g, 메주 코오지 가루 200g을 넣어 섞고 약 1개월간 30℃ 이하에서 숙성시킨다. 숙성 도중 뒤섞기한다.
⑤ **포장** : 포장하여 제품으로 만든다.

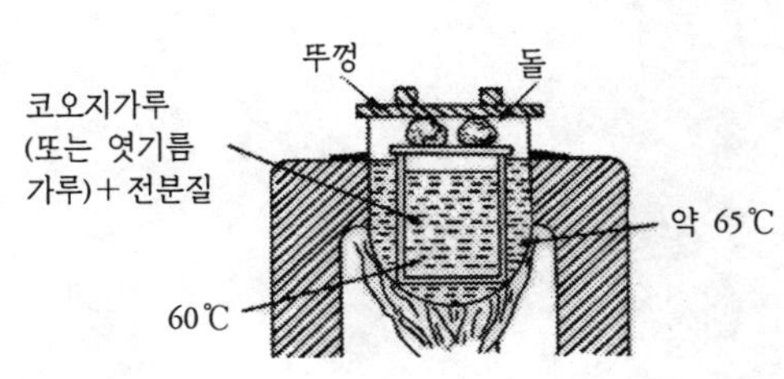

■ 그림 17.3　고추장 당화 ■

4. 청국장

재료 및 기구
콩, 짚, 온도계, 소쿠리

① **담금** : 콩을 씻어서 하룻밤 물에 불린다.
② **삶기** : 솥에서 삶는다.
③ **메주 덩이 만들기** : 삶은 콩을 절구에 찧어서 손으로 주먹만한 덩어리로 뭉친다.
④ **띄우기** : 방바닥에 짚을 깔고 메주덩이를 올려놓고 그 위에 짚을 올려놓고, 비닐을 덮고, 이불같은 것을 덮는다. 불을 때어 따뜻하게 하여 42~45°C에서 2~3일 발효시킨다.
⑤ **양념하기** : 청국장 메주 18 ℓ 에 소금 3.6 ℓ , 마늘 0.6 ℓ , 고추가루 0.54 ℓ 를 넣고 초퍼나 녹즙기에 넣어 마쇄한 다음 덩어리로 만들어서 제품으로 한다.
⑥ **저장** : 냉동실에서 얼려서 저장한다.

제 18 장

어패류 통조림

보일드 통조림은 생선을 삶아서 통에 담고 소금이나 소금물을 넣은 것이고, 기름담금 통조림은 식물성 기름을 가한 것이고, 토마토 절임 통조림은 토마토 퓨레를 넣은 것이고, 조미통조림은 설탕, 간장 등의 조미액을 넣은 것이다.

1. 고등어 보일드 통조림

재료 및 기구

고등어, 세척통, 냄비, 스테인레스 스틸 칼, 권체기, 레토르트나 오토클레이브, 301-7호관, 소금, 글루탐산나트륨, 대발

① **원료** : 신선하고 무게 500g 이상인 살찐 고등어로 307-1호관에 4토막으로 채울 수 있는 것이 좋다.

② **처리** : 지느러미를 끊고, 머리를 잘라낸다. 배를 따서 내장을 제거하고, 뱃속의 피도 칼로 긁어 제거한다.

③ **세척** : 씻는다. 특히 배 안을 잘 씻고 발 위에 얹어서 물기를 뺀다.

④ **절단** : 통조림통의 높이에 따라 어체를 절단한다.

⑤ **염지** : 맑은 물로 피를 씻어 내고, 10~15%의 소금물에 20~30분 담근다.

⑥ **채우기** : 앞, 중간, 뒷토막을 섞어서 깡통에 담는다. 가능한한 공간을 줄인다. 그렇지 않으면 고기가 허물어지기 쉽다. 301-7호관에서는 440g을 담는다.

⑦ **탈기 및 밀봉** : 001-7호관은 레토르트로 115.6°C에서 100분 정도 살균하고 급냉한다.

2. 다랑어 기름담금 통조림

재료 및 기구

다랑어, 소금, 기름(면실유 또는 올리브유), 칼, 톱, 통, 찜통, 권체기, 307-1호관,
레토르트 또는 오토클레이브

① **원료** : 머리를 잘라내고, 내장을 제거하고 씻어낸다. 그리고 모양을 다듬는다.

② **찌기** : 고기 몸통 중심이 75°C가 되게 하여 찐다. 보통 102~105°C에서 4시간 찐다.

③ **조리** : 찐 다음 12시간 정도 식혀서 껍질을 제거한 다음, 등뼈를 중심으로 등부분과
배부분으로 나눈다. 스테인레스 스틸칼이나 대칼로 껍질, 막, 작은 뼈, 피, 혈관 등을
제거한다.

④ **절단** : 401-1호관용은 41~45mm, 307-1호관용은 31~35mm 두께로 자른다.

⑤ **채우기** : 규정량(301-7호관은 160g)을 깡통에 담고, 소금을 약간 넣는다(307-1호관은
1.5~2.0g).

⑥ **기름넣기** : 면실유나 올리브 기름을 통조림통에 가득 채운다.

⑦ **살균 및 냉각** : 권체한 후 111.3~112.6°C에서 70~80분간 살균하고 냉각한다.

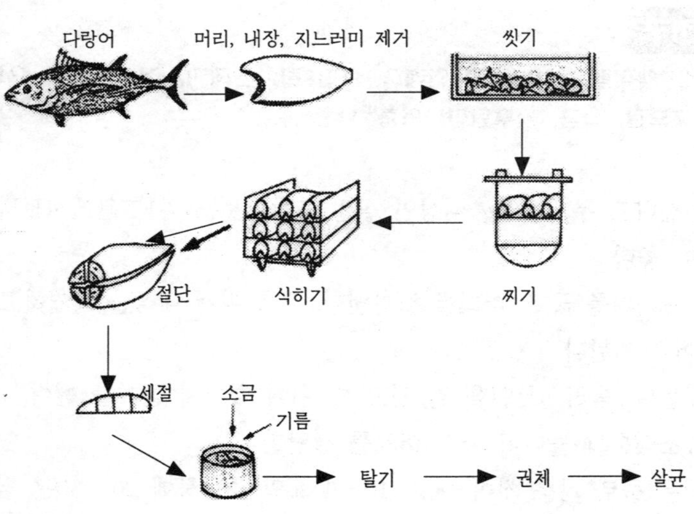

■ 그림 18.1   다랑어 기름담금 통조림 ■

3. 꽁치 토마토 절임 통조림

재료 및 기구

꽁치, 토마토 퓨레, 소금, 세척통, 스테인레스 스틸 칼, 메스실린더, 비중계, 권체기, 레토르트 또는 오토클레이브, 철망, 301-7호관,

① **원료** : 머리와 꼬리, 지느러미를 잘라내고 규격 대로 끊어서 내장을 제거한 후 철망에 넣어 씻고 핏물을 뺀다.

② **염지** : 보메 18~20도의 소금물에 20~40분간 담근다.

③ **세척** : 물로 잘 씻는다.

④ **담기 및 찌기** : 깡통에 담고 증기로 찐다. 100~103°C에서 소형통은 30분, 125호관 및 301-4호관은 40분, 158호관 및 301-7호관, 401-4호관은 50분간 찐다.

⑤ **탈수** : 어체에서 빠져나온 수분을 제거한 후 식혀서 정형한다.

⑥ **토마토 퓨레 주입** : 비중 1.04 이상의 토마토 퓨레를 주입한다.

⑦ **탈기** : 90~100°C에서 40분간 탈기한다.

⑧ **밀봉** : 신속히 밀봉하여 진공도가 떨어지지 않게 한다.

⑨ **살균** : 타원 125호관은 112°C에서 100분, 301-7호관 및 158호관은 113°C에서 100분, 401-4호관은 113°C에서 100분, 401-4호관은 114°C에서 100분 동안 살균하고, 살균이 끝나면 냉각수로 급냉시킨다.

4. 소라 조미 통조림

재료 및 기구

소라, 조미액 재료, 세척통, 스테인레스 스틸 칼, 권체기, 레토르트 또는 오토클레이브, 소쿠리, 301-7호관(내면 도장관)

① **삶기** : 소라 껍질에 붙어 있는 모래와 오물을 깨끗이 씻고 100°C에서 15~20분간 삶는다.

② **씻기** : 약간 상한 것은 10분간 끓여서 껍질을 제거하고 농도가 약간 높은 소금물에 씻고서 수분을 뺀 다음, 흰색 점질물이 나오지 않을 때까지 문질러내고 깨끗한 물로 씻는다.

③ **절단** : 큰 소라는 세로로 두 쪽으로 자른다.

④ **채우기** : 301-7호관에 소라 280g을 담고, 조미액 60g을 부어 합계 340g이 되게 한다.

⑤ **탈기 및 밀봉** : 101.8°C에서 20~25분간 탈기하여 밀봉한다.

⑥ **살균 및 냉각** : 112.6°C에서 60~70분간 살균하여 냉각시킨다.

5. 꽁치 보일드 통조림

재료 및 기구

꽁치, 소금물(보메 15~20도), 조미액(보메 4~5도의 소금물에 미량의 글루탐산 나트륨과 설탕을 넣어 끓인 것), 세척통, 어육 절단기 또는 칼, 저울, 깡통, 권체기, 레토르트 또는 오토클레이브

① **원료** : 꽁치를 씻어서 머리, 지느러미, 내장을 제거한다. 깡통 길이의 80~90% 길이로 자른다.

② **염지** : 잘라서 묽은 소금물에 담갔다가 보메 15~20도의 소금물로 옮겨 20~30분간 담근다. 소금물 온도는 10°C 이하로 한다.

③ **담기** : 깡통에 국화꽃 모양으로 담는다(6호관의 경우 약 210g).

④ **찌기** : 찜통에 넣어 100°C 증기로 40분간 찐다.

⑤ **조미액 가하기** : 깡통의 물기를 제거하고 조미액 45~50g을 가한다.

⑥ **권체** : 95°C에서 20분간 탈기하여 권체한다.

⑦ **살균** : 깡통을 0.7kg/cm^{2}으로 60~90분간 가압살균하든가, 상압에서 112.7°C로 90~110분간 살균한다.

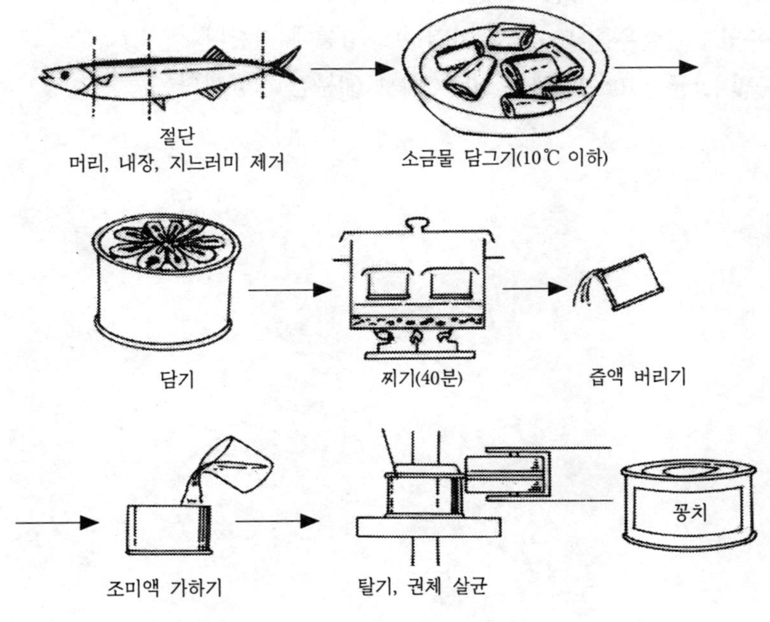

■ 그림 18.2 꽁치 통조림 ■

6. 굴 훈제 기름 통조림

재료 및 기구

굴, 면실유, 소금, 훈재, 106-2호관, 세척통, 스테인레스 스틸 칼, 철망, 건계기,
레토르트 또는 오토클레이브, 훈연실

① **원료** : 껍질 깐 굴과 안 깐 굴이 있다.
② **탈각** : 껍질 있는 굴은 끓는 물로 15～16분간 삶아서 껍질을 까서 알을 빼낸다.
③ **세척** : 굴알을 대바구니에 넣고 보메 2～3도 소금물로 살이 뭉개지지 않게 조심하여
씻는다.
④ **찌기** : 보메 2～3도 소금물로 85～90°C에서 5～7분간, 95～98°C에서 3～5분간 2
회 삶는다.
⑤ **1차선별** : 손상된 알은 빼내고, 알 크기 대로 나누어 기름칠한 철망에 펴 널고 15～
16분간 건조한다.
⑥ **훈연** : 훈연실에서 활엽수불로 80～85°C로 30분간 훈연한 다음, 50°C에서 1시간 30
분 동안 훈연한다.
⑦ **2차선별** : 알 크기, 붕괴육, 껍질 등에 따라 선별한다.
⑧ **채우기** : 106-2호 깡통은 85g을 담는다.
⑨ **기름주입** : 면실유를 100°C로 가열하여 깡통에 가한다.
⑩ **밀봉 및 살균** : 106-2호관은 109°C에서 60분간 살균한다.

제19장

생선 연제품

1. 생선 소시지

   다랑어, 고래같은 붉은살 생선을 사용하며, 일반 소시지와 같이 제조한다. 고래고기가 없으면 다른 고기를 사용한다.

재료 및 기구

다랑어 고기 50%, 고래고기 33%, 라드 10%, 조미료 및 향신료 기타 7%, 마늘절구(초퍼 또는 녹즙기, 케이싱(돼지내장)

① **처리** : 냉동 다랑어는 녹여서 껍질과 피를 제거하고 6㎝ 토막으로 자른다. 고래고기는 냉동된 채로 절단한 뒤 슬라이서로 1㎝ 두께로 자른다.

② **피빼기** : 물에 담가 피를 뺀다.

③ **염지** : 소금, $NaNO_3$, 아스코르브산 나트륨으로 살색을 고정시킨다.

④ **전분 및 인산염첨가** : 결착성, 색깔, 보수성을 높이기 위하여 전분과 인산염을 가한다.

⑤ **이기기** : 부재료를 함께 넣어 으깨 이긴다.

⑥ **채우기** : 충전기, 또는 녹즙기의 떡가래 기능이나 깔때기로 돼지내장, 염화비닐, 염화비닐리덴, 나일론 케이싱에 채운다.

⑦ **살균** : 양끝을 알미늄 고리로 묶은 다음 90°C에서 50분간 살균하여 냉각시킨다.

2. 어 묵

재료 및 기구

생선 3.75kg, 소금 113~188g, 글루탐산나트륨 7.5~15g, 설탕 170~552g, 전분 188g, 달걀흰자 8개, 증기솥, 마늘절구 (초퍼 또는 녹즙기), 헝겊 주머니

① **원료** : 비늘, 내장, 머리, 지느러미를 제거하고 씻는다. 물을 뺀 다음 3등분하여 뼈를 제거한다.

② **채육** : 공업적으로는 채육기를 쓴다. 집에서는 칼로 살을 바른다.

③ **갈기** : 채육한 것은 마늘절구로 으깬다. 초퍼나 녹즙기를 사용할 때는 열이 발생하지 않게 서서히 간다.

④ **담그기** : 갈은 고기를 맑은 물에서 주물러 씻고, 2~3회 물갈이하고 하룻밤 물에 담가 냄새와 색소를 제거한다.

⑤ **압착** : 물에서 꺼내어 헝겊으로 싸서 압착하여 물기를 뺀다.

⑥ **혼합** : 나머지 재료를 모두 혼합하여 초퍼나 녹즙기로 간다.

⑦ **성형** : 여러 가지 모양으로 성형한다.

⑧ **찌기** : 표면은 90~95°C, 중심부는 75°C 정도 되게 찐다. 작은 것은 20~30분, 큰 것은 40~90분 걸린다.

⑨ **물에 담그기** : 색상을 위해 물에 10분간 넣었다가 꺼낸다.

⑩ **포장** : 비닐 등으로 포장한다.

부재료
머리와 내장제거
씻기
어육분리
(살발라내기)
으깨 이기기(초퍼나 믹서)
나무 꼬챙이
김말이 대발
찌기
나무판
판 어묵
꼬챙이 뽑은 자리
부들어묵(꼬치어묵)

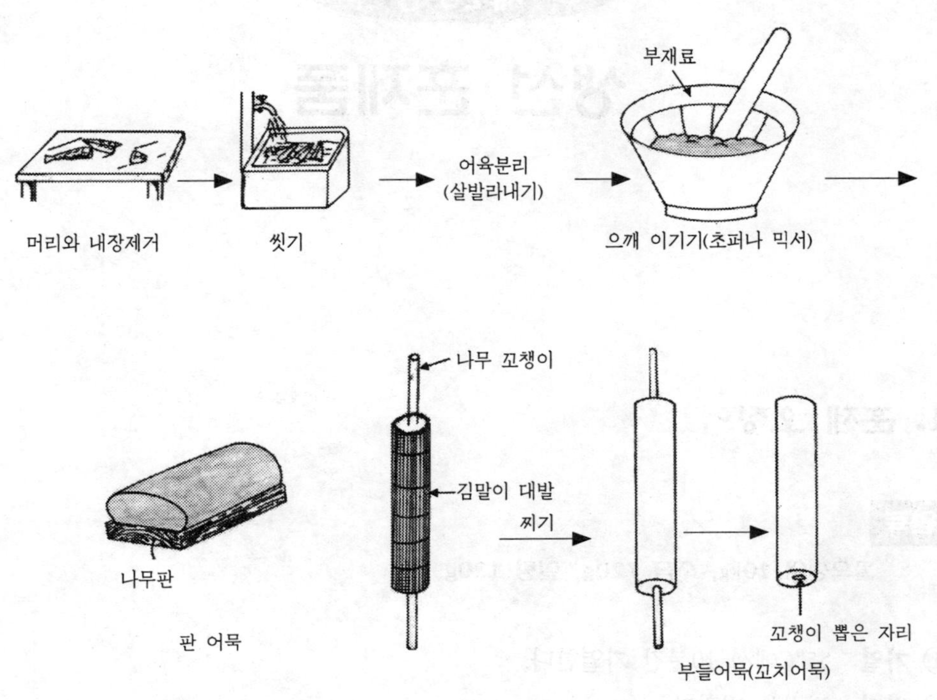

■ **그림 19.1   어묵** ■

제 20 장

생선 훈제품

1. 훈제 오징어

원료

물오징어 10kg, 소금 720g, 설탕 120g

① **가열** : 55°C에서 10분간 가열한다.
② **박피** : 껍질을 벗긴다.
③ **담그기** : 설탕 120g, 소금 720g, 물 4ℓ 용액을 만들어 끓여서 냉각시키고 여기에 2～3일간 담근다.
④ **건조** : 꼬챙이에 꿰어서 건조한다.
⑤ **훈연** : 50～60°C에서 3시간 훈연한다.
⑥ **제품** : 절단해서 비닐 포장한다.

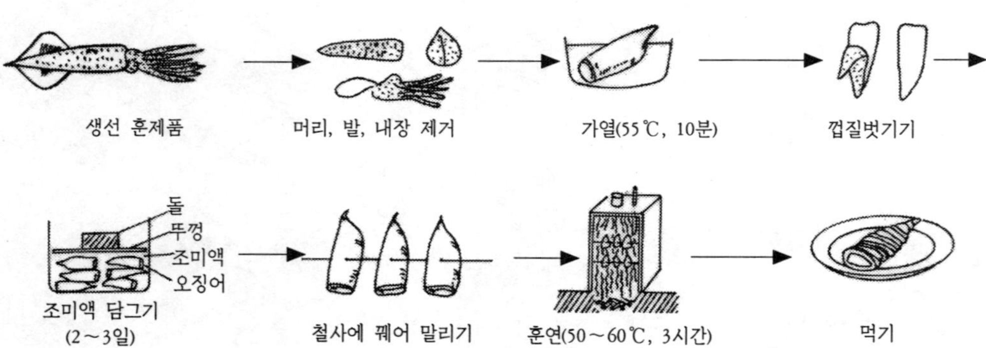

■ 그림 20.1 훈제 오징어 ■

제 21 장

젓갈류

1. 오징어젓

오징어 간장을 가하면 자가소화가 빠르지만 기름이 많아서 산패되므로 간장만 염장하여 유지를 제거하고 상징액만 가하는 것이 좋다. 처음에는 하루 2~3회 교반하고 식용할 때는 절단하여 마늘이나 고춧가루 등으로 조미하여 먹는다.

저염젓갈은 소금대신 당으로 수분활성도를 저하시킨다. 즉, 당침을 사용하고 있다.

❶ 고염 젓

① **전처리** : 내장이 흩어지지 않게 배를 갈라서 연골과 먹통을 제거하고 적당한 크기로 자른다.

② **소금 가하기** : 계절에 따라 양이 다르지만 소금을 원료의 20~30%로 가하여 15~20°C에서 저장하여 자가소화시킨다. 싱겁게 절일 때는 냉장한다.

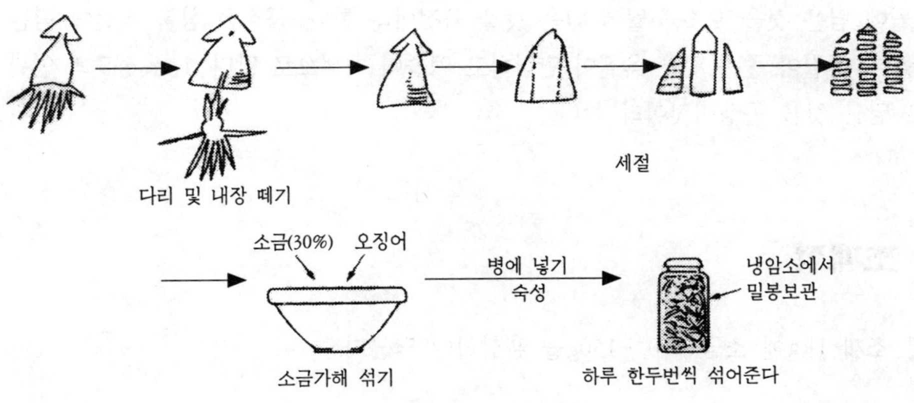

■ 그림 21.1 고염 오징어 젓 ■

❷ 저염젓

오징어 → 내장 및 껍질제거 → 세절 → 물빼기 → 당침(물엿에 담그기, 12시간) → 물빼기 → 소금에 절이기 (24시간) → 탈수 → 조미 → 숙성(냉장실 10일) → 제품

① **전처리** : 오징어를 갈라서 내장과 머리, 다리, 껍질을 제거하고 조각으로 자른다.
② **당침** : 물엿에 12시간 정도 담근다.
③ **소금에 절이기** : 탈수하고 소금을 뿌려서 24시간 놓아둔다.
④ **조미** : 남은 소금을 털고, 탈수하고 조미하여 상온에서 하루 놓아둔다. 조미액은 고춧가루 12, 글루탐산나트륨 10, 조미고추가루 19, 마늘 15, 비빔당 19, 글리신 3, 물엿 13, 식용유 3, 액젓 1의 비율로 한다.
⑤ **숙성** : 냉장실에서 10일 정도 숙성시킨다.

2. 멸치젓

봄에 담그는 것은 춘젓, 가을에 담그는 것은 추젓이라 하며 춘젓의 맛이 좋다. 소금량은 20～25%가 좋다.

3. 새우젓

5월에 담은 것을 오젓, 6월에 담은 것을 육젓이라 한다. 품질은 삼복 직전에 담는 것이 좋다. 품질이 좋은 것은 육질이 단단하고 액즙이 백색으로 맑다. 1cm 정도의 연한 새우로 담은 것을 곤쟁이젓이라 한다.

4. 조개젓

깐 조개 1kg에 소금 100～150g을 혼합하여 담근다.

제 22 장

유제품

1. 크 림

생우유 또는 시유에서 유지방 이외의 고형분을 제외한 유지방 18.0% 이상을 크림이라고 한다. 공장에서는 원심분리기를 사용하여 분리한다.

재료 및 기구

우유, 크림분리기, 물통

① **크림분리** : 크림 분리기 탱크에 30~40°C의 원유를 넣고, 600rpm으로 회전시켜 출구에서 크림과 탈지유를 분리한다.

② **살균 및 냉각** : 63°C에서 30분간 살균하고 2~3°C로 5시간 방치한다.

③ **제품** : 버터용 크림의 지방함량은 33~36%가 좋다. 원료우유 10 ℓ 에서 크림 1.5~3 ℓ , 탈지유 7~8.5 ℓ 가 얻어진다.

2. 버 터

크림의 지방을 모아 굳힌 것으로 유지방 80% 이상이고 수분 16.6% 이하이다. 소금을 가하는 것과 가하지 않는 것이 있다.

재료 및 기구

우유(지방함량 3~3.5%), 스타터(*Streptococcus lactis* 등), 소금, 물, 착색료(seed of annato, yellow A, B 등), 크림 분리기, 살균기, 교반기(churner), 연압기(worker)

① **크림 분리** : 지방 함량 3~3.5%의 우유를 원심분리하여 30~35%의 크림을 얻는다.

② **살균** : 63°C에서 30분, 또는 80~85°C에서 15초 동안 살균한다.

③ **발효** : 16~20°C로 냉각한 후 스타터를 5~10% 첨가하여 16~21°C에서 하룻밤 발효시켜서 젖산함량이 0.3~0.4% 되면 2~5°C로 냉각하여 12~16시간 방치한다.

④ **교반**(churning) : 교반기에 발효크림을 1/3~1/2 넣고, 색소를 첨가하여 8~13°C에서 30rpm으로 30~50분 교반한다.

⑤ **수세** : 버터 밀크를 제거하고 10~15°C의 냉수로 여러번 교반하여 씻어낸다.

⑥ **연압**(working) : 콩알 크기로 뭉친 지방 덩어리를 연압기에 넣고 눌러서 큰 덩어리로 만든다. 소금을 3% 가해 방부력을 높이고, 단백질의 점성을 줄여서 물이 잘 빠지게 한다.

⑦ **제품** : 1/2~1파운드씩 절단하여 포장한다. 제품 수량은 크림의 지방량에 대한 버터의 증가량 즉, 증량률(over run)로 표시한다.

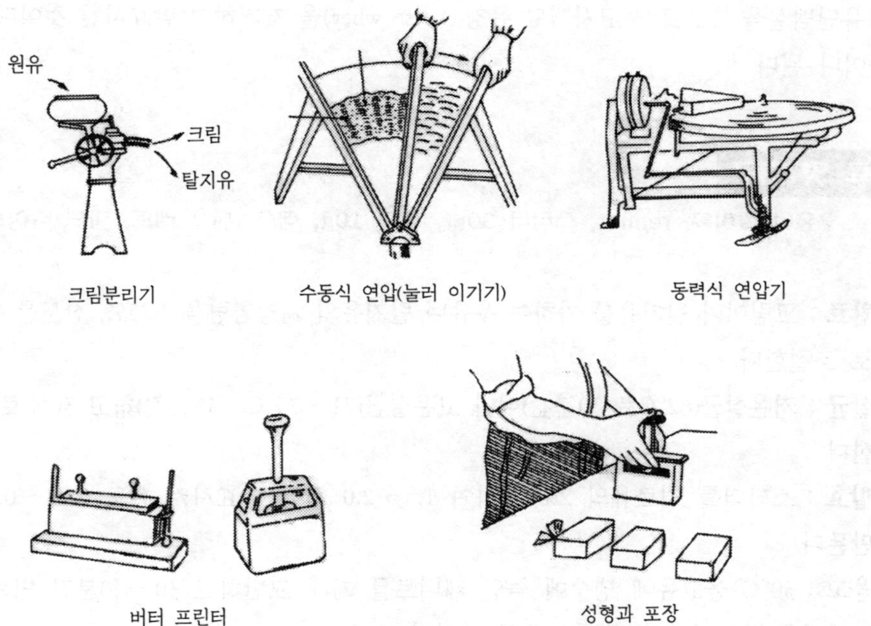

■ **그림 22.1 버터** ■

3. 발효 치즈

우유단백질을 효소로 응고시키고 유청(cheese whey)을 제거하여 발효시킨 것이다. 500
여종이나 된다.

우유나 탈지유, rennet, 스타터 30㎖, 소금 10g, 색소, 치즈 배트, 커드 나이프

① **원료** : 크림이나 탈지유를 가하여 우유나 탈지유의 지방함량을 3.25%, 산도를 0.15%
로 조절한다.

② **살균** : 저온살균(62°C로 30분간)이나 고온살균(71～75°C, 15초간)하고 30°C로 냉각
한다.

③ **발효** : 스타터를 원료유의 2% 가하여 1.5～2.0 시간 발효시켜 산도 0.18～0.2%로
만든다.

④ **응고** : 30°C 응고유에 냉수에 녹인 레니트를 가해 교반하고 30～40분간 방치하여
카제인을 응고시키면 커드(curd)가 생긴다.

⑤ **절단 및 유청빼기** : 응고유가 굳으면 절단칼로 자른다. 투명한 유청(whey)이 나온다.

⑥ **교반 및 가온** : 30°C에서 20분간 가볍게 교반한 다음 5분간에 온도를 1°C씩 올라가
게 하여 30분간으로 36°C까지 올린다.

⑦ **쌓기** : 커드를 헝겊으로 싸서 넓게 펴서 굳히고 잘라서 대발 위에 쌓아 2시간 발효
시킨다.

⑧ **분쇄 및 가염** : 마늘절구(치즈분쇄기, 녹즙기, 초퍼)로 잘게 갈아서 다시 20분간 교반
한다. 표면이 약간 마르면 소금을 2～2.5% 가하여 잘 혼합한다.

⑨ **압착** : 천으로 싸서 압착기에 넣고 고압으로 눌러서 1～2시간 후 꺼내고, 틀에 넣어
24시간 누른다.

⑩ **코팅** : 틀에서 꺼내어 습기 없는 냉실에서 표면을 건조하고, 100～105°C의 파라핀
용액에 5～10초간 넣어 파라핀 코팅한다.

⑪ **발효** : 온도 5～10°C, 습도 80～90%의 발효실에서 3～6개월간 숙성시킨다. 상자에
서 곰팡이가 발생하면 10% 포르말린을 분무한다.

⑫ **제품** : 파라핀층을 걷어내고 제품으로 한다. 산도는 0.8～1.0%가 좋다. 100g의 우유
에서 10～11g의 치즈가 얻어진다.

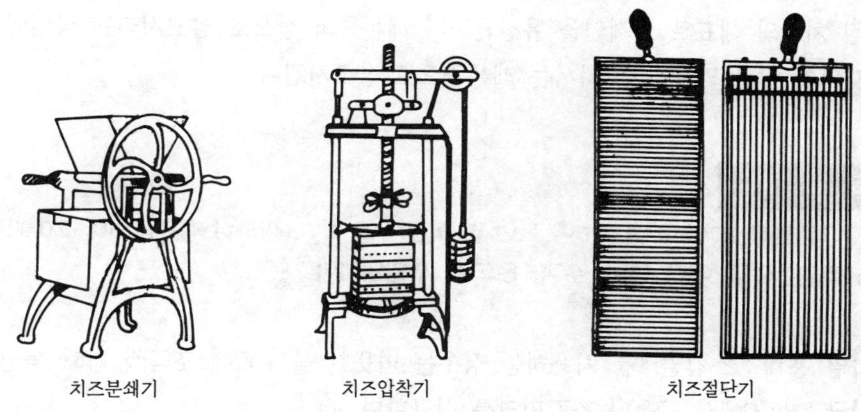

치즈분쇄기   치즈압착기   치즈절단기

■ **그림 22.2**   발효 치즈(process 치즈, natural 치즈)■

4. 커티지 치즈

연질 치즈의 대표로 카제인을 유산균이나 레몬즙의 산으로 응고시키는 방법이 있다. 숙성시키지 않고 먹는다. 여기서는 레몬즙으로 응고시킨다.

재료 및 기구

스킴밀크 200g을 물 1ℓ에 녹인 것 또는 우유 1ℓ, 식초나 레몬즙 60~70㎖, 생크림, 소금, 과즙 냄비, 주걱, 온도계, 철망얼개미

① **가열 용해** : 스킴밀크를 사용하는 경우는 따뜻한 물 1ℓ에 조금씩 가해 녹인다.
② **살균** : 80℃에서 우유나 스킴밀크를 살균한다.
③ **응고** : 식초나 레몬즙을 조금씩 가해 주걱으로 저으면서 굳힌다.
④ **압착** : 광목자루에 넣어 커드가 230~235g이 남을 때까지 짠다.
⑤ **이기기** : 마늘 절구에 넣어 간다.
⑥ **제품** : 기호에 따라 조미료나 향신료를 가해 먹는다.

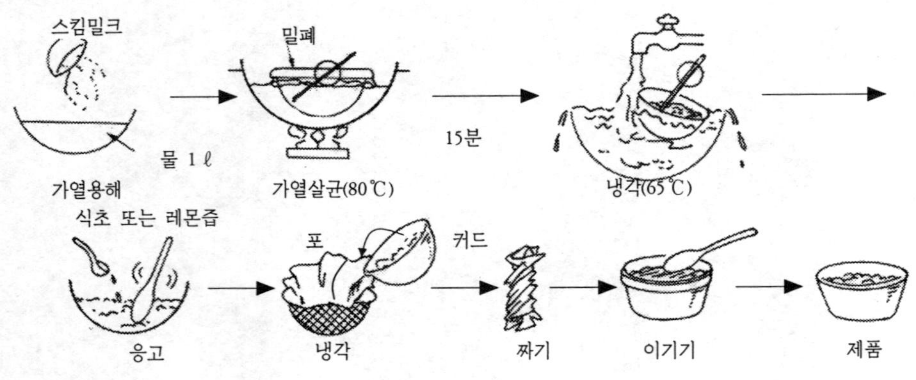

■ 그림 22.3 커티지 치즈 ■

5. 아이스크림

크림 2.65kg, 탈지유 0.5kg, 탈지유 5.3kg, 설탕 1.5kg, 젤라틴 또는 알긴산나트
륨 50g, 향료 4~5㎖, 얼음, 소금, 금속냄비 10 ℓ 짜리 아이스크림 제조기, 프로
판 가스, 교반기, 냉장고

① **아이스크림 믹스 조제** : 탈지유를 냄비 속에 넣고, 교반하면서 탈지분유를 넣어 녹이
고 크림을 가하여 녹인다. 다음, 60℃의 탈지유에 녹인 젤라틴을 가하여 잘 혼합한
다.

② **살균** : 냄비를 불에 올려놓고 교반하면서 68~73℃에서 30분 또는 79.4℃에서 25초
간 살균한다.

③ **균질화** : 지방률이 8~12%일 때는 강하게 균질화한다.

④ **숙성** : 믹스를 냉각시켜 0~4℃의 냉장고에서 하룻밤 방치한다.

⑤ **동결** : 점성이 증가한 믹스를 아이스크림 제조기(−6~−8℃)로 옮겨 향료를 가하
고(믹스량은 용적의 1/2 이하로 한다) 교반하며 얼린다. 바깥쪽은 얼음 4에 소금 1로
섞어 채워서 냉각한다. 아이스크림 제조기가 15~20분 회전하면 믹스는 반고형 상
태가 된다. 바깥쪽의 얼음물을 제거하며 계속 교반하면 믹스의 용량이 80~100%
증가한다. 아이스크림 제조기의 안쪽통을 떼내어 얼음과 소금으로 냉각통 속에 4시
간 방치한다.

⑥ **경화** : 냉장고의 냉동실에서 −18~−20℃에서 6~12시간 딱딱하게 얼린다.

⑦ **제품** : 지방 8%, 무지고형물 11.0%, 설탕 15%, 안정제 0.5%가 들어간다.

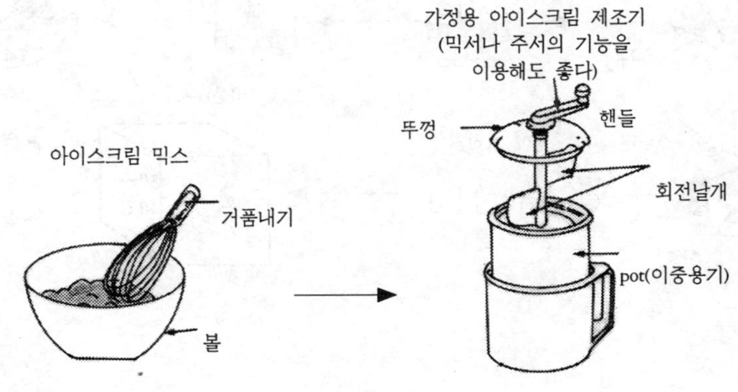

■ **그림 22.4**   아이스크림 제조기 ■

6. 요구르트

발효유를 희석해서 액체상태의 음료로 한 것이다. 우유고형분이 3% 이하이고, 1ml당 100만 마리 이상의 생균을 함유한다.

재료 및 기구

냉장고, 항온기, 냄비, 교반기, 균질기, 타전기, 탈지유 1~1.8ℓ, 탈지분유 50g, 설탕 100g, 젖산균 스타터 25㎖, 향료 2~3㎖

① **원료** : 탈지유에 분유를 가하여 50~60°C에서 녹이고 거른 다음 설탕을 가해 녹이고 80~90°C에서 30분간 살균한다.

② **스타터 첨가** : 별도로 만든 유산균 스타터를 탈지유액(1/20)에 가하고 향료를 첨가한다.

③ **발효** : 30~40°C 항온기에서 24~48시간 동안 발효시킨다. 산이 2.2~2.5% 생겼을 때 항온기에서 꺼낸다.

④ **설탕 첨가 및 균질화** : 발효로 약간 굳은 것을 균질화시킨 후 발효원액과 같은 양의 설탕을 가하여 교반한다.

⑤ **향료 첨가** : 90°C로 하여 향료를 제품의 1/1,000 정도 넣고 병조림한다.

⑥ **살균 및 냉각** : 끓는 물에서 살균하여 식힌다.

⑦ **저장** : 냉장고(0~5°C)에 보관하여 2~3일 내에 먹는다. 제품은 5배로 희석하여 마신다.

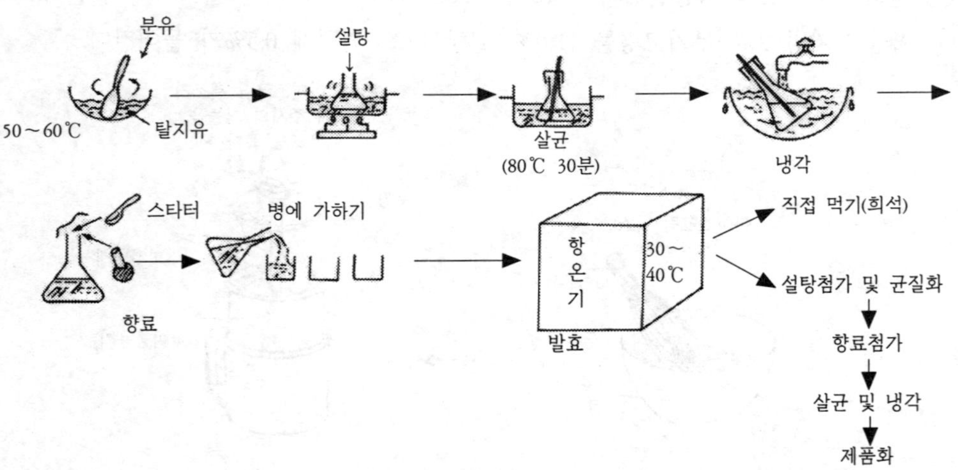

■ 그림 22.5 요구르트 ■

7. 합성산유

냄비, 법랑그릇, 탈지유 1 ℓ , 설탕 1.35kg, 75%짜리 젖산 17㎖, 구연산 2g, 주석산 2g, 오렌지 향료 10㎖

① **설탕 가하기** : 탈지유에 설탕을 가하여 교반한다.

② **살균** : 80℃에서 30분간 가열용해, 살균한다.

③ **여과** : 천으로 여과하여 10℃ 이하로 냉각한다.

④ **산향료 가하기** : 산과 향료 혼합물을 소량씩 가한다. 한번에 많이 가하면 응고된다.

⑤ **제품** : 그대로 마셔도 되고, 병에 넣어 70℃에서 40분간 살균하여 오래 보존하여도 된다.

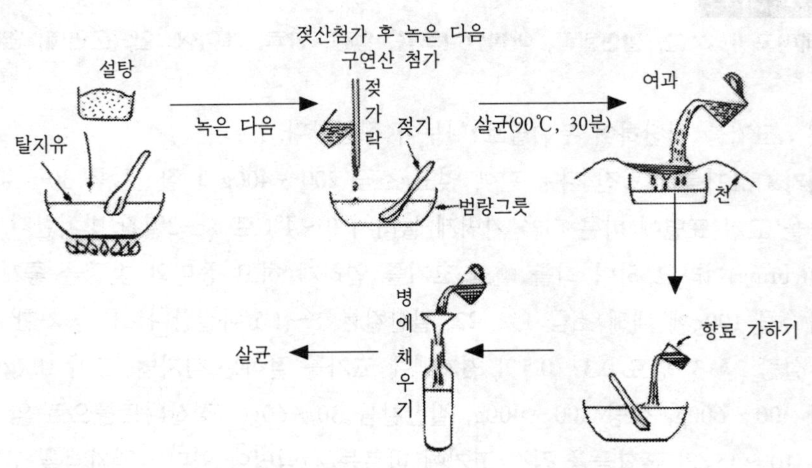

■ 그림 22.6　합성산유 ■

제 23 장

햄 · 소시지 · 베이컨

1. 레귤러햄

뼈가 들어있는 것으로 long cut ham 및 short cut ham 등이 있다.

재료 및 기구

돼지고기, 소금, 질산칼륨, 아질산나트륨, 설탕, 향료, 케이싱, 실, 훈연제, 염지통

① **정형** : 고기를 절단하여 부위별로 나누어 정형한다.
② **피빼기** : 고기를 비탈진 나무 판에 얹고 소금 200~400g과 질산칼륨 30~40g의 혼합물을 고기 표면에 바른 다음 가볍게 눌러서 0~4℃로 1~2일간 방치한다. 이것을 커링(curing)이라고 하며 피를 빼고 고기를 연하게 하고 풍미와 빛깔을 좋게 한다.
③ **염지** : 물 100g에 대해 소금 15~22, 질산칼륨 1~1.5(아질산나트륨을 가한 것도 있다), 설탕 2~3, 향료 0.3~0.5의 염지액에 고기를 절이는 침지법, 고기 10kg에 대해 소금 400~600g, 설탕 300~400g, 질산칼륨 30~60g(아질산나트륨으로 약 3g), 향신료 10~15g의 혼합물을 직접 고기에 바르는 건염법이 있다. 염지액을 고기에 주사하여 날짜를 단축하는 주사법도 있다.
④ **물에 담그기** : 과잉 염분을 제거하고 성분을 균일하게 하기 위해 10~15℃의 물에 2~3시간 담근다.
⑤ **정형** : 물을 빼고 껍질이나 여분의 지방층을 제거하고 정형한다. 고기덩어리를 원통으로 만다. 전에는 헝겊에 싸서 실로 감아 쌌지만, 최근에는 통기성 케이싱에 채운다.
⑥ **건조** : 훈연 효과를 높이기 위해 60℃에서 1시간 표면을 건조한다.

⑦ **훈연** : 벚나무, 떡갈나무, 참나무 등의 활엽수로 50~80℃에서 5~6시간 훈연한다
 (열훈법).

⑧ **찌기** : 70~75℃에서 2~3시간 찐다.

⑨ **포장** : 통풍으로 표면을 말리고 냉각하여 포장한다.

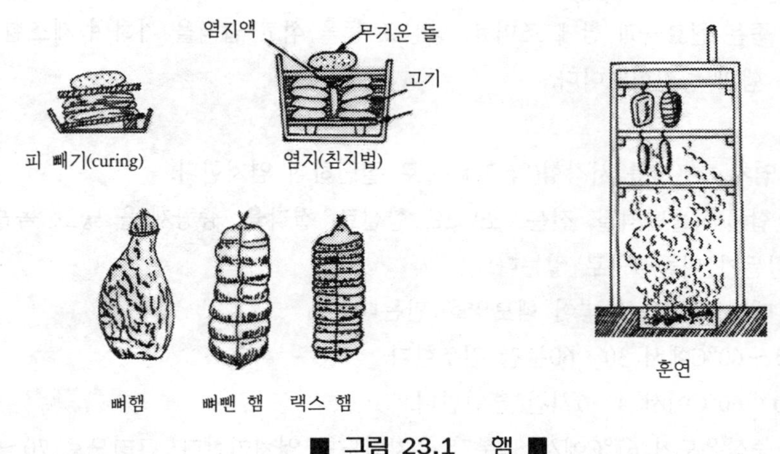

■ **그림 23.1   햄** ■

2. 프레스햄

  외관, 조직은 햄에 가깝지만 제법은 소시지와 비슷하다. 원료는 돼지고기 외에 쇠고기, 말고기, 양고기, 토끼고기 등을 쓴다. 우리나라에서는 고급햄보다는 값싼 프레스햄을 많이 생산한다.

  프레스햄은 햄, 베이컨 부위를 떼고 남은 돼지고기나 다른 동물의 적색육을 잘게 썰어 결착력이 좋은 원료육과 함께 조미료, 향신료 등을 섞고 압력을 가하여 제조한 것으로, 소시지와 햄의 중간형태이다.

① **정형 및 염지** : 고기를 사각형(약 3㎝)으로 절단하여 염지한다.
② **혼합** : 혼합물(식물단백질, 전분, 조미료, 향신료, 결착육, 증량제)을 넣고 녹즙기나 초퍼로 갈든가 마늘절구로 찧는다.
③ **채우기** : 대형 케이싱에 넣어 햄모양을 만든다.
④ **건조** : 45～60°C에서 30～60분간 건조한다.
⑤ **훈연** : 50～60°C에서 4～5시간 훈연한다.
⑥ **열처리** : 중심온도가 63°C에서 30분간 유지되도록 열처리한다. 그러므로 70～75°C에서 2～3시간 열처리한다.
⑦ **포장** : 급속히 냉각시켜 포장한다.

3. 소시지

재료(4인분) : 붉은색 돼지고기 340g, 돼지비계 60g, 빙수 60g, 소금 8.8g, 백후추 0.4g, 육후추 0.8g, 고추가루 0.08g, 카르다몬 0.4g, 육두구 0.8g, 마늘 분말 0.4g, 생양파 16g, 설탕 0.4g, 전분 6.8g, 케이싱(돼지 내장), 훈연제

기구 : 저울, 강판, 온도계, 실, 포, 깔때기, 녹즙기

① **고기** : 비계가 15% 정도인 고기를 사용한다.

② **갈기** : 온도가 올라가지 않도록 재료에 빙수를 가하면서 다지며 마늘 절구로 찧는다. 녹즙기를 사용하면 좋지만 온도가 올라가므로, 녹즙기를 미리 큰 냉장고에서 4℃ 정도로 식혔다가 꺼내어 온도가 올라가기 전에 간다.

③ **채우기** : 녹즙기 출구에 떡가래 뽑는 것을 부착하여 케이싱(돼지 내장) 주둥이를 출구에 갖다 대고 채운다. 중간중간 실로 묶는다. 깔때기에 주머니를 연결하고 주머니에 속을 넣고 끈으로 묶은 다음 눌러서 밀어 채워도 된다.

④ **가열** : 훈연제를 가해 70℃에서 20분 가열한다.

⑤ **냉각** : 흐르는 물에 식히고 표면의 수분을 제거한다. 바로 먹지 않으려면 냉장고에 보존한다.

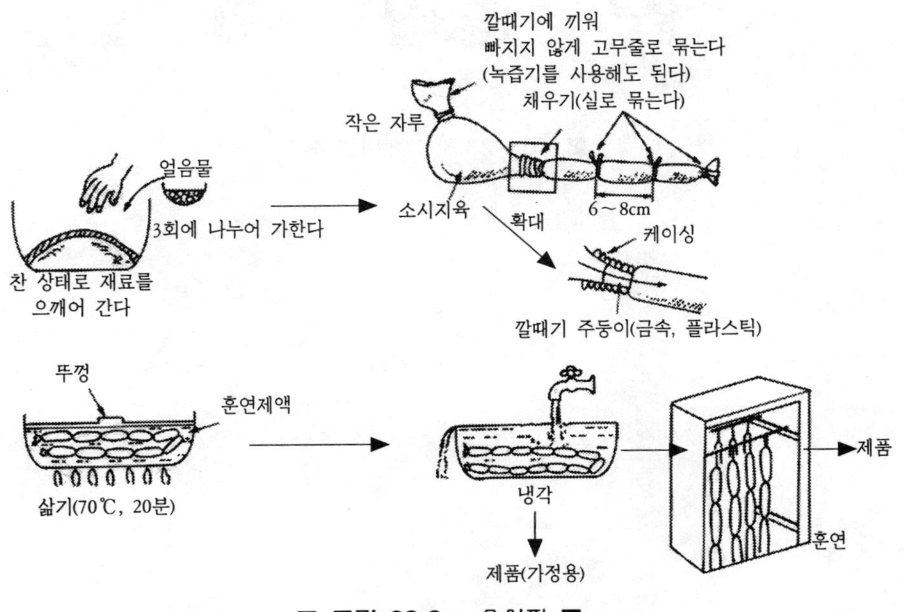

■ **그림 23.2** 소시지 ■

4. 베이컨

  베이컨은 돼지 갈비고기로 만든 것으로 지방이 많은 복부육(삼겹살 또는 bacon 부위라 한다)을 염지, 건조 훈연한 것이다. 그러나 다른 부위도 이용한다. 제조 공정과 원리는 햄과 같다.

재료 및 기구

돼지 갈비살, 소금, 질산칼륨, 아질산나트륨, 염지통, 운연재(운연실)

① **정형** : 돼지의 갈비살에서 늑골을 빼고 모양을 다듬어 햄과 같이 피를 뺀다.
② **염지**(curing) : 고기 10kg, 소금 350g, 질산칼륨 20g, 아질산나트륨 1g을 가한다.
③ **건조** : 베이컨 핀에 꽂아 30°C에서 2～5시간 건조시킨다.
④ **훈연** : 30～40°C에서 12～24시간 동안 훈연한다.
⑤ **포장** : 습도가 낮은 저온실에서 10°C 이하로 냉각시킨 다음 5°C로 보관하면서 얇게 썰어 셀로판으로 진공포장한다.

■ **그림 23.3**　베이컨 ■

제 24 장

육류 통조림

1. 쇠고기 가미통조림

쇠고기 통조림은 시간이 경과하면 고형량은 증가되고 액즙량은 저하된다. 당도도 역시 시간이 지나면 감소한다. 색깔은 2~3개월 지나면 연해진다.

재료 및 기구

쇠고기, 간장, 설탕, 고추, 수프, 깡통, 솥, 칼, 오토클레이브, 권체기

① **원료** : 4살 짜리 소가 좋다. 고기는 근섬유 방향으로 8㎝, 길이 30㎝의 덩어리로 절단한다.

② **삶기** : 삶는다. 삶은 국물은 냉각 여과한 다음 농축하여 조미액 제조에 쓴다.

③ **절단** : 근섬유 방향 직각으로 4~5㎜로 자른다.

④ **조미** : 수프 10 ℓ, 간장 17 ℓ, 설탕 10kg, 고추 50g의 조미액에 고기를 넣고 5분간 끓여서 건져낸다.

⑤ **담기** : 통에 담고, 끓여서 70℃로 식힌 조미액(수프 10 ℓ, 간장 125 ℓ, 설탕 7.5kg, 고추 50g)을 가한다. 301-4호관은 고형량 103g에 조미액 100g을 가하고, 301-3호관은 고형량 85g에 조미액 85g을 가한다.

⑥ **탈기 및 살균** : 75℃에서 25분간 가열하여 중심온도가 70℃가 되면 500㎜Hg의 진공으로 밀봉한다.

⑦ **냉각** : 20℃ 물 속에서 5~10분 냉각한다.

2. 콘 비프 통조림

재료 및 기구

쇠고기, 소금, 후추가루, 질산칼륨, 아질산칼륨, 인산염, 글루탐산나트륨, 양파분말, 마늘분말, 오토클레이브, 권체기

① **절단** : 2°C에서 36시간 냉장한 후 두께 5cm, 길이 10cm로 자른다.

② **염지** : 소금 4%, 질산칼륨 0.1%, 아질산칼륨 0.01%, 인산염 0.4%의 염지액으로 5～8°C에서 3일간 염지한다.

③ **삶기 및 배합** : 2% 소금물을 끓여서 60분간 삶은 후 액즙 5%, 후추 0.3%, 양파분말 0.01%, 글루탐산나트륨 0.3%, 마늘분말 0.02%를 배합하여 5～8분간 교반한다.

④ **탈기 및 밀봉** : 중심온도 70°C로 하여 탈기하고 진공권체한다.

⑤ **살균** : Corned beef 2호관은 112°C에서 80분, 3호관은 112°C에서 70분간 살균한다.

⑥ **냉각** : 15～20°C의 물로 즉시 냉각한다.

3. 원너 소시지통조림

재료 및 기구

돼지고기, 소금, 계피, 설탕, 조미료, 양파, 젤라틴, 오토클레이브, 권체기

① **원료육** : 돼지고기로 만들어도 되고 쇠고기, 양고기 등으로 만들어도 된다. 어느 것이나 0.05%의 계피가루와 설탕 1%, 화학조미료 0.2%, 양파 3%를 가하여 상기 소시지 제조시와 마찬가지로 만들어 양내장이나 돼지 내장에 채운다.

② **조미액** : 2% 소금물에 젤라틴 가루 0.2%, 글루탐산나트륨 0.15%를 가하여 끓여서 녹인 후 거른다.

③ **탈기 및 밀봉** : 조미액을 주입하여 93～96°C에서 30분간 가열한 다음 탈기하고 진공권체한다.

④ **살균 및 냉각** : 110°C에서 1시간 살균하여 중심온도 35～40°C까지 냉각한다.

4. 닭고기 통조림

닭고기는 흑변하기 쉬우므로 스테인레스 스틸 기구를 사용한다. 통조림의 상부(top) 간격은 7㎜ 이하로 하고, 관은 반드시 도장관을 사용한다.

재료 및 기구

닭 옥은 닭고기, 소금, 우추가루, 젤라틴, 칼, 관, 도료관(enamel관), 오토클레이 브, 권체기

① **처리** : 5~8개월 된 닭을 거꾸로 매달아 경동맥을 잘라 피를 빼고 70~75°C 물에 담가 털을 뽑고, 불에 그을린다. 내장을 제거하고 물로 씻고, 날개, 몸통, 다리별로 해체한다.
② **삶기** : 닭고기의 두 배의 4% 소금물로 10분간 삶는다.
③ **조미액** : 닭 삶은 국물을 여과하여 10ℓ에 흰후추 10g, 젤라틴 0.5kg, 소금 약간을 가하여 조미액을 만든다.
④ **담기** : 40~50°C로 식힌 고기와 70°C의 조미액을 채운다. 401-4호관에는 고기 600g에 조미액 255g, 301-7호관에는 고기 300g에 조미액 130g을 넣는다.
⑤ **살균** : 401-4호관은 118°C에서 70분, 301-7호관은 118°C에서 90분간 살균하여 20°C로 냉각한다.

5. 닭고기 가미통조림

재료 및 기구

닭, 양파, 설탕, 간장, 생강, 오토클레이브, 건제기

① **닭처리** : 위와 같은 방법으로 한다.
② **수프만들기** : 닭뼈를 부수어 물로 여러 시간 삶는다. 여기에 다진 양파를 넣어 끓인 후 양파는 건져내고, 설탕과 간장을 가하여 가열하다.
③ **삶기** : 수프를 교반하면서 닭고기를 가해 약 10~20분간 끓여서 8할 정도 삶아지면 건져내고, 잘고 길게 자른 생강을 섞는다. 한편, 솥에 남은 액은 정치시켜서 여과하여 다시 쓴다.
④ **조미** : 스프 1.5kg, 간장 3.0kg, 설탕 1.5kg, 양파 100g, 생강 100g의 조미액에 담근다.
⑤ **채우기** : 고기를 일정량씩 통에 채운다. 가하는 액은 조미 때 사용한 조미액을 쓴다. 액의 표면에 뜬 지방, 응고 혈액 등은 여과한다. 사용량은 전체 양의 30% 정도이다. 예로써 톨(tall) 5호관은 육량이 225g이고, 액량은 85g이다.

제 25 장

소 스

1. 돈까스 소스

재료 및 기구

재료 : 편의상 3무리로 나눈다.
기구는 얼개미, 나무국자, 굴절당도계, 병이 필요하다.

A 재료		B 재료		C 재료	
양파	140g	설 탕	900g	고춧가루	5.0g
사과	150g	소 금	260g	계피	13.4g
토마토	3kg	간 장	100㎖	육두구	3.4g
토마토퓨레	2kg	식 초	700㎖	후추	6.8g
물	1 ℓ	다시마	100g	Thyme	3.4g
		캐러멜	20g	Sage	3.4g
		전분	소량	Clove	6.8g
		글루탐산나트륨	0.26g	마늘가루	1.6g

① **야채 및 과일처리** : 재료 A중 토마토퓨레만 빼고 물로 씻은 후 가늘게 썬다.

② **삶기** : 냄비에 물 1 ℓ 와 가늘게 썬 A 재료를 넣어서 연해질 때까지 1~1.4시간 삶는다.

③ **여과** : 얼개미로 거른다.

④ **가열** : 얼개미로 거른 펄프에 토마토퓨레, B 재료의 설탕, 소금, 간장, 다시마, C 재료의 향신료를 가해 20분정도 가열한다. 가열 도중에 굴절당도계로 37~40도가 되면 가열을 그만 두고 나머지 식초, 고춧가루, 글루탐산나트륨을 넣고 소량의 전분으로 점도를 조정하고 다시 거른다.

⑤ **병에 넣기** : 병에 넣고 수증기로 20분 살균한다. 제품은 염분 10~11%, 산도 1.7~2%이다.

2. 우스타소스

사용수는 6ℓ, 제품은 4ℓ이다.

재료 및 재료

편의상 재료는 다음과 같이 4 무리로 나눈다.
기구는 냄비와 여과포 및 가열 기구가 필요하다.

A 재료	
토마토 또는 사과	400~800g
양 파	350~500g
마 늘	45~50g
당 근	100~150g
다시마	120g
생 강	40~45g
진피(건조귤껍질)	40~45g

B 재료	
소 금	280~300g
설 탕	260~280g
화학조미료	15g
간 장	330~520㎖
캐러멜	적당량

C 재료	
고춧가루	20g
후추	20g
육두구	10g
계피	10g
Clove	10g
Laurel(월계수)	8g
All spices	6g
Thyme	6g
Sage	6g

D 재료	
식초	400㎖
구연산	3g
암모니아마늘가루	10㎖

• **야채와 과일의 처리(A재료)** : 토마토, 사과, 양파, 마늘, 생강, 당근을 씻어서 가늘게 자른다. 다시마는 가늘게 썬다.

① **가열** : 냄비에 물을 넣고 꾸들꾸들할 때까지 1.5～2시간 삶는다.
② **여과** : 포로 걸러서 짜내고 짠 액에 물을 부어 처음 시작하였던 양으로 맞춘다.
③ **혼합** : 야채액(A)에 B와 C 재료를 가해 약한 불로 30～40분 가열한 다음 여과한다. C재료가 미분말이면 여과하지 않는다.
④ **산미료 첨가** : 액의 온도가 30～40℃ 이하로 식으면 D 재료를 가해 섞어 병에 채워 막고 1개월 정도 숙성시킨다.
⑤ **완성** : 숙성시킨 것은 포로 걸러서 병에 채워 제품으로 한다.

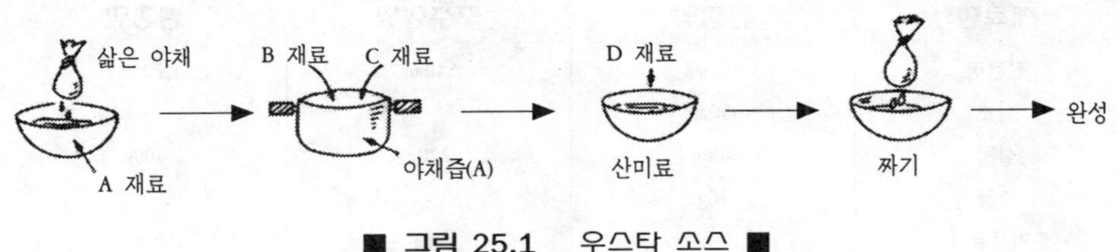

■ 그림 25.1　우스타 소스 ■

3. 불고기 양념 조미장

고기를 구워먹을 때 찍어먹는 양념장은 음식점마다 다르며, 각기 비법이 있다. 그러나 한국에서는 제대로 만드는 곳이 드물다. 주로 상추에 싸 먹거나 기름소금에 찍어 먹는 정도이다. 그러나 일본은 매우 발전되어 있다.

재료 및 기구

믹서, 주걱, 병

■ 재료 배합비 ■

재료명	간장맛	고추장맛	생강맛
진간장	400㎖	540㎖	1,200㎖
식초	450㎖	-	-
설탕	400g	270g	400g
소금	70g	-	-
토마토퓨레,	70g	90g	-
또는 완숙토마토	210g	270g	-
양파	120g	220g	60g
마늘	10g	45g	35g
생강	40g	-	80g
물	400㎖	270㎖	-
고추장	—	430g	-
꿀	—	110g	-
사과	—	110g	-
글루탐산나트륨	40g	40g	40g
참기름	14㎖	70㎖	40㎖
고춧가루	2g	-	2-4g
케러멜	약간	약간	약간

① **달기** : 재료를 정해진 양 단다.
② **섞기** : 재료가 믹서에 들어갈 정도로 잘라서 믹서로 간다.
③ **가열** : 저으면서 가열하여 끓은 다음 약한 불로 30분 삶는다. 마지막에 고춧가루, 참기름을 첨가하여 캐러멜로 착색한다.
④ **담기** : 병에 채운다.

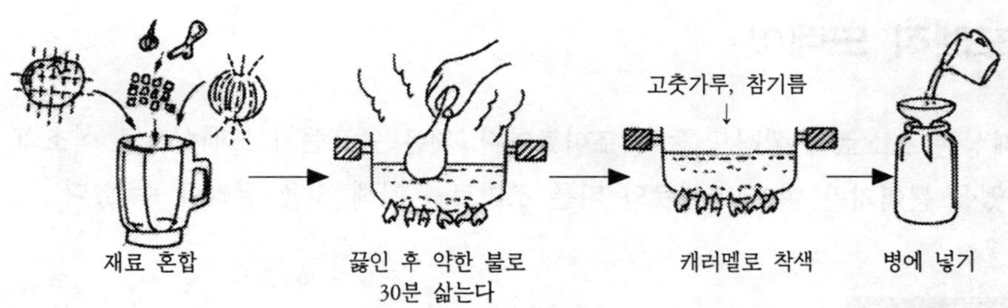

■ 그림 25.2 불고기 양념 조미장 ■

4. 프렌치 드레싱

드레싱은 소스로서 샐러드 등의 조미료이다. 기본은 프렌치 드레싱으로 식초와 기름을 섞었을 뿐이지만 여러 향신료와 다른 조미료를 가해 맛을 달리할 수 있다.

재료 및 기구

식초 200㎖, 샐러드유 400㎖, 소금 약간, 후추 약간, 유리병, 볼, 거품기

병에 재료를 모두 넣고 젓는다. 또는 거품기로 돌려서 탁하게 한다.

● 기름이 빨리 산화되기 때문에 먹기 전에 만드는 것이 좋다. 또 샐러드 등에 미리 섞어 놓으면 삼투압 작용으로 수분이 빠져서 시들어버리기 때문에 먹기 직전에 뿌린다.

5. 마요네즈

　달걀노른자의 유화작용으로 식용유와 식초를 유화시킨 조미료이다. 생선이나 야채요리에 사용한다.

재료 및 기구

　달걀 소금, 식초, 샐러드유, 거품기

■ 표 25.1　　마요네즈의 배합 예 ■

원료 ＼ 예	1	2	3	4	5
샐러드유	65.0	73.2	77.0	74.0	74.0
달걀노른자	17.0	12.2	10.0	9.5	11.0
달걀흰자	—	—	—	2.5	—
식초	10.0	10.3	6.4	9.5	10.0
물	3.0	—	4.8	—	—
겨자가루	0.7	1.0	0.3	0.7	1.0
소금	2.0	0.9	0.5	1.8	1.5
설탕	2.3	2.4	1.0	1.9	2.5
기타	—	—	—	0.1	—

① **달걀** : 달걀을 깨서 노른자위만 받아서 흐트러뜨려 놓는다.

② **향신료 섞기** : 노른자에 조미료와 향신료를 넣는다.

③ **식용유 및 식초 가하기** : 노른자의 5배량의 식용유를 넣고 교반하면서 식초도 함께 넣는다.

④ **기타 재료** : 나머지 재료를 모두 가하여 충분히 유화시킨다.

⑤ **제품** : 병에 넣어 저장한다.

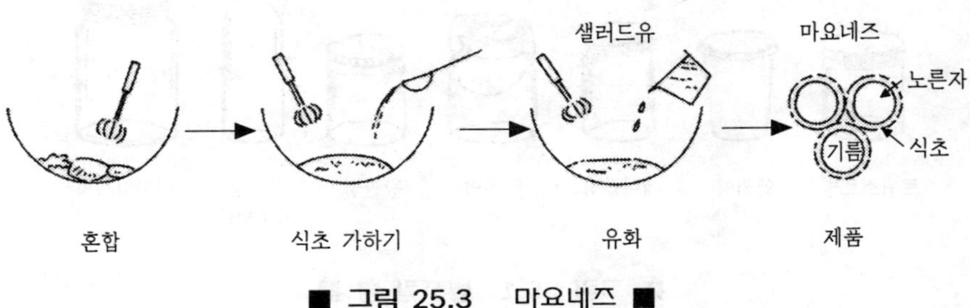

■ 그림 25.3　　마요네즈 ■

제 26 장

통조림 및 병조림

통조림은 식품을 조미 가공하여 깡통에 넣은 후 밀봉 살균한 것으로, 오래 저장할 수 있고, 저장과 운반이 편리하며, 바로 먹을 수 있고, 위생적이며, 값이 싸다.

1. 용기

❶ 유리병(glass container)

유리는 투명하여 내용물을 판별할 수 있고, 식품과 반응하지 않는다. 반면, 깡통(tin can)은 내용물을 식별할 수 없다. 주둥이 크기에 따라 입이 넓은병과 좁은 병이 있다.

광구병은 과일, 채소같이 큰 원료나 반고체 식품에 사용하고, 세구병은 액체 식품에 사용한다. 왕관병(王冠瓶), 앤커병(ancer cap jar), 페닉스병(phenix jar), K. C. 병, 양우병(糧友瓶)등으로 구별하기도 한다. 마개는 밀봉형과 돌려서 막는 스크류식이 있고, 재료로는 코르크, 함석, 알루미늄, 플라스틱 등을 사용한다.

■ 그림 26.1 병조림 병 ■

❷ 깡통 (tin can)

깡통은 철판에 3% 주석을 도금한 것이다. 통조림에는 B.W.G.(Birmingham wire guage) 30~38번 판을 사용한다. 깡통은 원형, 타원형, 사각형이 있다. 타발관은 뚜껑에 미리 홈을 내고 손잡이를 만들어서 잡아 다니면 뚜껑이 따진다. 맥주깡통이 여기에 속한다.

에나멜 칠한 캔과, 칠하지 않은 plain can, 부분적으로 칠한 캔이 있다. 밀봉 방법에 따라 땜깡통과 이중권체 위생깡통(sanitary can)이 있다. 알루미늄, 섬유소, 베이클라이트, 셀룰로이드 등도 사용한다.

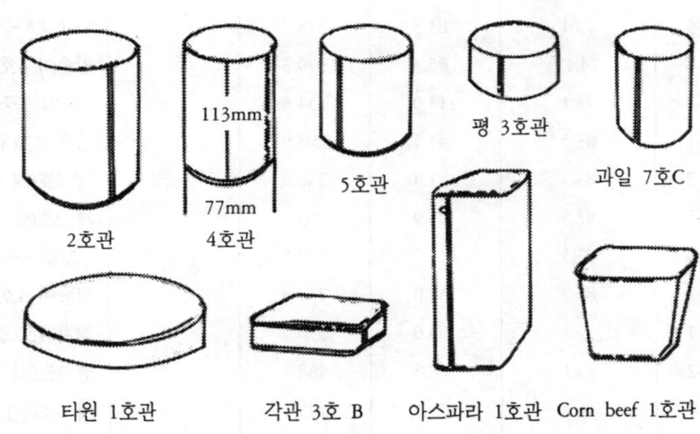

■ **그림 26.2 깡통** ■

■ 표 26.1 깡통의 규격 ■

형태	오칭	안지름(mm)	높이(mm)	내용적(㎖)	종류	비고(외국통과의 비교)
원형	202	52.3	56.5	102.8	상하 이중원체	양송이 1호(일)
	211-1	65.4	39.2	108.9		참치 3호(일). No. 1/4(미)
	211-2	65.4	52.7	152.5		8호(일)
	211-3	65.4	69.2	210.7		양송이 2호(일)
	211-4	65.4	81.3	249.3		과일 7호(일)
	211-5	65.4	101.1	318.1		7호(일)
	301-1	74.1	36.2	125.9		평 3호(일)
	301-2	74.1	39.2	138.6		계 3호(일)
	301-3	74.1	50.5	187.5		휴대관(일 · 중)
	301-4	74.1	59.0	223.2		6호(일 · 중)
	301-5	74.1	81.3	318.7		5호(일 · 중)
	301-6	74.15	95.3	379.3		양송이 3호(일)
	301-7	74.1	113.0	454.4		4호(일 · 중)
	307-1	83.5	45.5	208.9		참치 2호(일)
	307-2	83.5	51.5	240.5		평 2호(일 · 중)
	307-3	83.5	55.9	265.2		계 2호(일)
	307-4	83.5	113.0	572.7		3호(일 · 중)
	307-5	83.5	142.0	732.0		양송이 4호(일)
	401-1	99.1	59.0	396.6		참치 1호(일)
	401-2	99.1	68.5	468.2		평 1호(일 · 중)
	401-3	99.1	71.7	493.7		계 1호(일)
	401-4	99.1	120.9	872.3		2호(일 · 중)
	603-1	153.5	169.4	2.974.6		1호(중)
	603-2	153.5	176.8	3.090.5		특수 1호(일)
타원형	125	125.7 × 83.0	31.5	225.2		타원 3호(일 · 중)
	158	158.9 × 106.7	38.5	448.2		타원 1호(일 · 중)

2. 통조림관 표시

통조림은 뚜껑 위에 기호를 3단으로 찍는다. 기호는 통조림에 따라 다르며, 고유 기호가 200여종 이상 정해져 있다. 현재는 바코드를 많이 사용하고 있다.

제1단(상단)의 기호는 내용물의 품종, 조리방법, 형태 등을 표시한다. 처음의 두 문자는 품종을 표시하고, 세째 문자는 가공 조리 방법, 네째 문자는 대소 및 내부상태를 표시한다.

조리 가공 표시는, BL(수산물 Boiled), W(농산물 Boiled), FD(가미), S(훈지 기름절임), Y(시럽 절임), T(토마토 절임), E(김치), M(콩류 설탕절임) 등으로 표기한다.

제2단(중단)은 제조업자를 표시한다.

제3단(하단)은 제조 연월일이다. 첫번째 수는 제조년의 끝숫자이고, 두번째는 달, 마지막 두 숫자는 제조일이다. 즉, 1982년의 2, 7월의 7, 18일의 18로 표시되어 있다.

1～9일까지는 01～09로, 10일 이후는 날짜를 숫자로 쓴다.

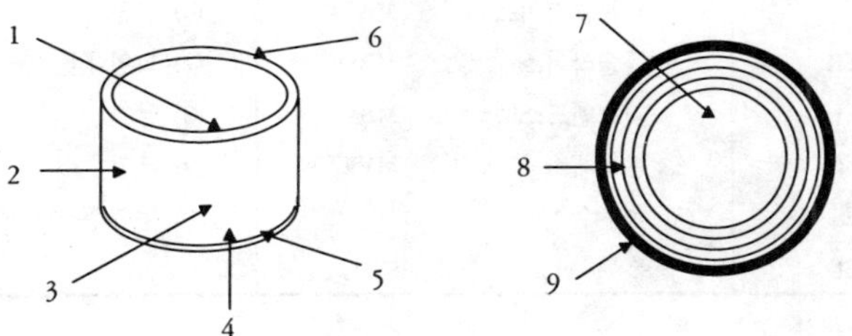

1. 밑뚜껑 2. 통체 3. 사이드 시임 4. 랩 5. 플랜지 6. 밑 권체 7. 위뚜껑 8. 역륜 9. 실링 콤파운드

■ **그림 26.3**   이중 권체통의 명칭 ■

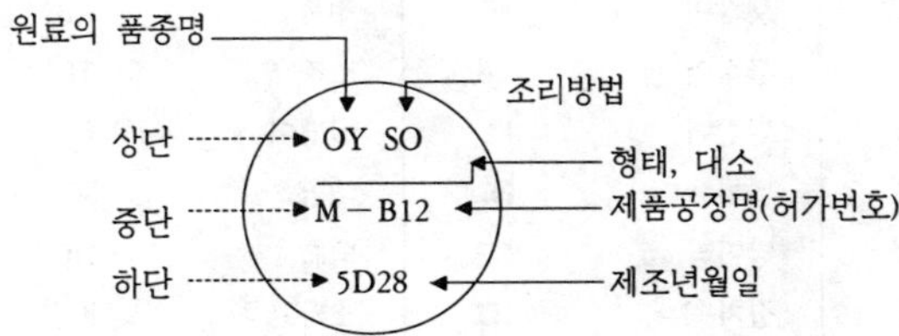

■ **그림 26.4**   통조림 표시 ■

■ 표 26.2   농산물 원료의 품명기호 ■

1. 과실		
(1) 복숭아		
백도홀	PWW	
백도2절	PW	
백도4절	PWQ	
백도슬라이스	PW	
백도다이스	PWD	
황도홀	PYW	
황도2절	PY	
황도4절	PYQ	
황도슬라이스	PY	
황도다이스	PYD	
(2) 사과		
윤절	APR	
4절	APQ	
슬라이스	PAS	
다이스	APD	
(3) 배		
윤절	PER	
2절	PEH	
4절	PEQ	
슬라이스	PES	
다이스	PED	

2. 야채 및 곡류		
(4) 감귤		
온주귤	MO	
여름귤	SO	
(5) 포도		
씨뺀 것	GE	
씨안뺀 것	GS	
2. 야채 및 곡류		
(1) 아스파라거스		
화이트	AWW	
그린티프트	ARW	
그린	ARW	
화이트절단	AW	
그린티프트절단	AR	
혼합절단	AM	
(2) 양송이		
버튼	MBB	
홀	MBW	
버튼슬라이스	MBSB	
홀슬라이스	MBSP	
피스앤드스템	MBSP	
혼합채소	MVE	
(3) 옥수수		
홀	SWC	

3. 잼 및 마말레이드		
크림	S조	
(4) 김치	KCH	
(5) 깍두기	KDG	
(6) 마늘짱아찌	GFD	
(7) 콩나물	SBSB	
3. 잼 및 마말레이드		
(1) 딸기	SJM	
(2) 복숭아	PJM	
(3) 사과	AJM	
(4) 귤	OJM	
(5) 포도	GJM	
4. 주스		
(1) 사과	NAJ	
(2) 복숭아	NPJ	
(3) 포도	NGJ	
(4) 귤	NOJ	
(5) 자두	NPLJ	
(6) 살구	NAPJ	
(7) 파인애플	NPAJ	
(8) 딸기	NSJ	
(9) 혼합주스	NMJ	
(10) 농축주스	NCJ	

■ 표 26.3 수산물 원료의 품명기호 ■

품명	기호	품명	기호	품명	기호	품명	기호
고등어	MK	도루묵	SF	왕게	P	개아지살	SL
꽁치	MP	줄삼치	BO	대게	C	홍합	MS
학꽁치	HM	삼치	CM	새우	SH	가리맛조개	SI
전갱이	HM	대구	CD	굴	OY	토조개	CC
멸치	AN	갯장어	SE	전복	AB	피조개	AN
정어리	SA	붕장어	CE	소라	TP	밤조개	SP
참다랭이	TB	뱀장어	EL	골뱅이	BT	오징어	SQ
날개다랭이	TA	날치	FL	대합	SC	갑오징어	SC
황다랭이	TY	양미리	NA	백합	HC	문어	OC
가다랭이	TS	갈치	HT	소라고동	R	쭈꾸미	PO
방어	YT	어육	FM	개량조개	RC	꼴뚜기	WA
송어	TR	어단	FB	새조개	CO	고래고기	WM
까나리	SS	꽃게	T	맛조개	RA	꼬막	BC
청어	HE	털게	E	바지락	SN	김	LA

■ 표 26.3 조리방법의 기호 ■

보일드 통조림	BL	훈제기름담금 통조림	SO	젤리담금 통조림	JY
가미 통조림	FD	머스터드담금 통조림	MD	야채가미 통조림	VD
기름담금 통조림	OL	조림 통조림	BD	구이 통조림	RD
토마토담금 통조림	TO	스튜 통조림	ST	소시지 통조림	SG

※ 통조림공장 허가처분 시·도별 기호

S : 서울특별시	B : 부산광역시	D : 대구광역시	K : 경기도
A : 강원도	H : 충청북도	D : 대전광역시	C : 충청남도
O : 전라북도	E : 전라남도	I : 인천광역시	J : 제주도
U : 경상북도	Y : 경상남도	I : 광주광역시	

※ 크기

L : 대	M : 중	S : 소

3. 통조림과 병조림의 제법

❶ 원료 처리와 담기

원료가 고르지 않으면 외관이 나쁘고, 살균이 어렵기 때문에 선별한다. 선별 후 수세, 탈피, 조리, 훈연을 거치고, 뜨거운 물과 희석한 염산으로 씻은 깡통에 담는다. 원료를 담은 후 필요에 따라 물, 소금물, 시럽 등의 조미액을 가한다.

❷ 탈기, 밀봉

땜깡통은 내용물을 넣은 후 깡통을 탈기, 밀봉한다. 위생깡통은 가권체한 후 탈기시켜 본권체한다. 가권체기로는 hand clincher, Johnson clincher, Astoria clincher 등이 있다.

탈기는 가열로 인한 권체부의 파손, 식품과 비타민의 산화, 깡통의 부식, 호기성균 번식 등을 방지하고, 타검하기 좋게 한다. 탈기함에서 탈기와 동시에 진공권체기로 권체한다. 권체기는 수동식과 반수동식인 home seamer, hand seamer, 반자동식인 semitro seamer, sanitary seamer, 자동식인 Johnson seamer, Astoria seamer, 진공권체기 등이 있다. 권체는 두 겹으로 하므로, 이중권체라고도 한다.

권체기는 깡통을 올려주는 리프어, 뚜껑을 위에서 눌러 고정시키는 척(chuck), 회전하면서 뚜껑과 관통을 밀착시키는 롤로 구성된다. 제1롤은 관통의 상부와 뚜껑의 주변을 한 겹 말리게 하고, 제2롤은 이것을 일정한 꼴로 권체한다.

병은 타전기로 뚜껑을 막는다. 병 종류에 따라 타전기도 다르다.

공장에서는 자동화되어서 일분간 수십개 내지 수백개의 통조림이나 병조림을 처리할
수 있다.

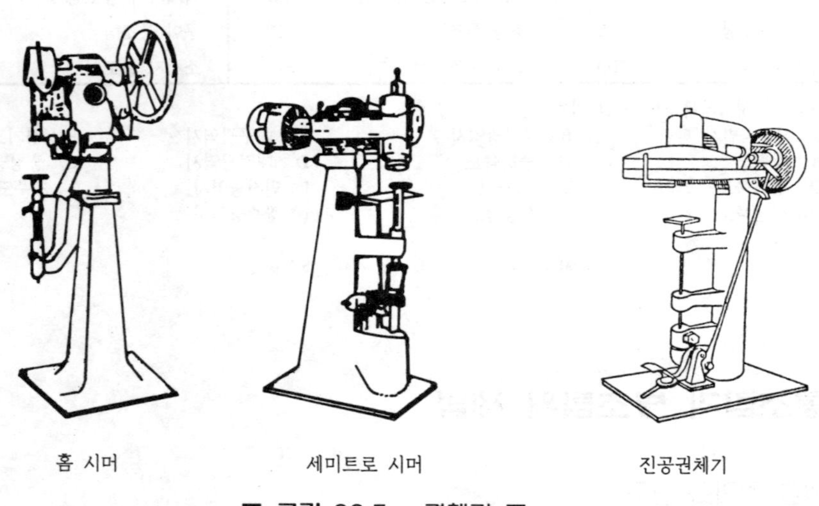

■ 그림 26.5   권체기 ■

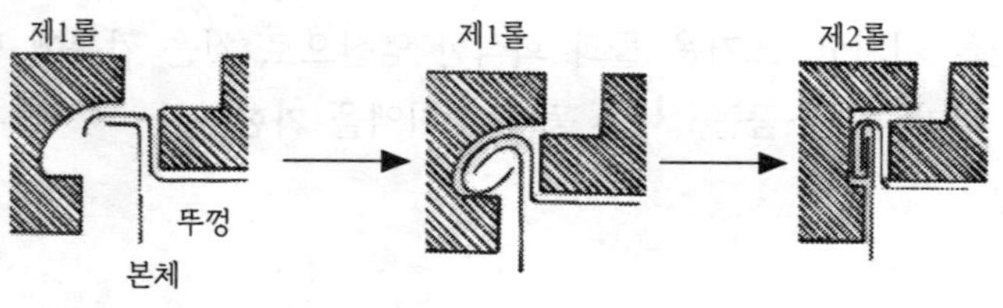

■ 그림 26.6   통조림 권체 원리 ■

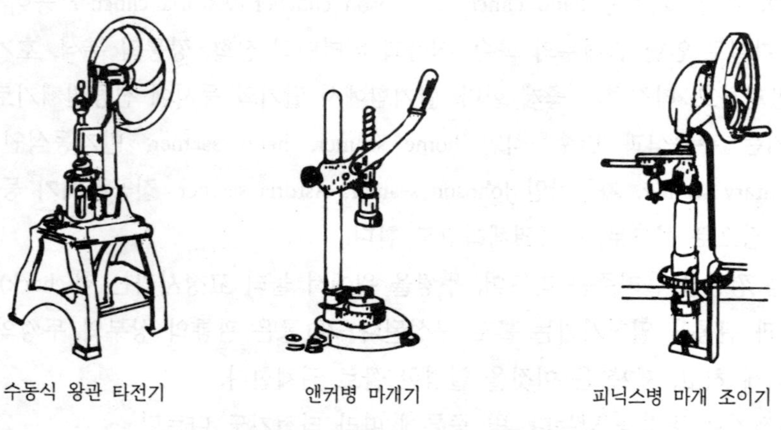

■ 그림 26.7   타전기 ■

❸ 살 균

가열살균하며, 완전살균과, 저온 살균이 있다. 조림, 잼, 주스, 맥주, 소스, 가당우유는 저온살균을 이용하며, 60~85°C에서 15~30분간 가열하여 권체한다.

과일과 시럽은 저온살균 만으로 보존할 수 있으나 육류, 생선 등 단백질 식품은 가압 살균하여 100℃ 이상으로 해야 한다. 가압솥(retort autoclave) 살균은 압력이 높을수록 살균 시간이 짧아진다. 가열 온도는 식품에 따라 다르다.

❹ 냉 각

가열 살균한 통조림은 찬물통에 넣어 냉각하여 품질과 빛깔의 변화를 방지한다.

4. 통조림 검사

① **외관검사** : 권체가 불완전한 것, 외상이 있는 것, 녹이 슨 것을 골라낸다.
② **타관검사** : 통조림을 타검봉으로 두드려 맑은 소리가 나는 것이 좋다.
③ **가온검사** : 가온하여 세균 증식과 화학 변화를 빠르게 한다. 항온기에 넣어서 30~ 70°C에서 1~3주간 보온하여 변질을 검사한다.
④ **진공검사** : 진공계를 깡통 뚜껑에 꽂고 진공도를 측정한다 진공도는 15인치 이상 되어야 한다(절대 진공도는 30인치).
⑤ **개관검사** : 통조림을 따서 냄새, 맛, 외관을 검사한다. 그리고 pH 측정, 부패생성물, 용해물질, 방부제 등을 검출하고, 미생물 배양시험으로 미생물의 종류와 수를 검사한다.

■ 표 26.4 통조림 식품의 가열살균 표준 ■

식 품	pH	살균온도(°C)	살균시간(분)
귤	3.5	80	10~15
배	4.2	100	17~20
토마토	5.1	100	20~40
감 자	6.2	110~115	50~70
옥수수	6.9	115~120	50~75
연 어	6.9	110~115	60~80

보고서 작성

보고서는 다음 내용이 들어가야 한다.

1. 실험자 이름, 학번

2. 날짜, 시간, 기온, 날씨

3. 실험제목

4. 원리
목적하는 식품의 제조 원리, 방법, 재료 등을 쓴다.

5. 방법
화살표를 사용한 그림 등으로 요점적으로 간단히 써서 실험서를 보지 않고서도 실험할 수 있게 한다.

6. 결과
측정 결과나 분석결과를 그림, 그래프, 표 등으로 정리한다. 관찰결과는 색연필 등을 사용하여 실제 색을 재현하는 것이 좋다.

7. 결론
조작, 관찰, 제품의 확인, 잘못되었으면 잘못된 원인 분석과 「결과」와의 관계를 논의한다. 그리고 목적이 달성되었는가 아닌가 실험 전체를 통하여 알아낸 것은 무엇인가. 정리한다.

식품가공학 실험 보고서

담당교수님		날짜		년	월	일
학 과		학년		반		
학 번		조		성명		
실 험 제 목						

안용근 교수
충청대학 식품과학부 교수

김동우 교수
우송공업대학 식품과학계열 교수

노영희 교수
충청대학 식품과학부 강사

손천배 교수
충남대학교 가정대학 식품영양학과 교수(현 학장)

오만진 교수
충남대학교 농과대학 식품공학과 교수 (학생처장 역임)

오현근 교수
동우대학 식품영양과 교수

이연정 교수
태성대학 관광조리과 교수

정인창 교수
동해대학 호텔조리과 교수

조효현 교수
안양과학대학 식품영양과 교수

현대 식품가공실험

1999년 8월 26일 초판발행
2000년 1월 10일   2쇄발행

저 자 안용근 외 공저
발행인 김 홍 용
펴낸곳 **효 일 문 화 사**

주 소 서울시 동대문구 용두동 254 − 32
T E L 02)924 − 6643, 928 − 6644
F A X 02)927 − 7703
E-mail hyoilco@kornet.net
등 록 1987년 11월 18일 제 5 − 90 호

값 8,000 원